电梯检验检测技术研究

王 浩 著

哈尔滨出版社
HARBIN PUBLISHING HOUSE

图书在版编目(CIP)数据

电梯检验检测技术研究／王浩著. —哈尔滨：哈
尔滨出版社,2023.7
ISBN 978-7-5484-7409-8

Ⅰ. ①电… Ⅱ. ①王… Ⅲ. ①电梯—检验—研究
Ⅳ. ①TU857

中国国家版本馆 CIP 数据核字（2023）第 134384 号

书　　名：电梯检验检测技术研究
DIANTI JIANYAN JIANCE JISHU YANJIU

作　　者：王　浩　著
责任编辑：李金秋
装帧设计：钟晓图

出版发行：哈尔滨出版社（Harbin Publishing House）
社　　址：哈尔滨市香坊区泰山路 82-9 号　　邮编：150090
经　　销：全国新华书店
印　　刷：三河市嵩川印刷有限公司
网　　址：www. hrbcbs. com
E－mail：hrbcbs@ yeah. net
编辑版权热线：(0451)87900271　87900272
销售热线：(0451)87900202　87900203

开　　本：710 mm×1000 mm　　1/16　　印张：10　　字数：118 千字
版　　次：2023 年 7 月第 1 版
印　　次：2024 年 1 月第 1 次印刷
书　　号：ISBN 978-7-5484-7409-8
定　　价：68.00 元

凡购本社图书发现印装错误,请与本社印制部联系调换。
服务热线：(0451)87900279

目　录

第一章　电梯概述 ·· 1

第一节　电梯的发展历程 ······························ 2

第二节　电梯的分类 ······································ 7

第三节　电梯的基本构造 ······························ 11

第四节　电梯的工作性能指标和特点 ·············· 33

第二章　电梯的系统组成 ······························ 37

第一节　曳引系统 ·· 37

第二节　轿厢和门系统 ·································· 42

第三节　重量平衡系统 ·································· 51

第四节　导向系统 ·· 53

第五节　安全保护系统 ·································· 56

第三章　电梯的检验 ······································ 69

第一节　检验的流程、标准与困境 ·················· 69

第二节　不同类型的电梯检验 ······················· 72

第四章　电梯安全事故与检测中的常见故障分析 ·· 95

第一节　常见的电梯安全事故类型 ·················· 95

第二节　电梯事故的预防 ······························ 98

第三节　电梯检测中的常见故障分析 ·············· 100

第四节　电梯安全现场的检验检测 …………………………………… 117

第五章　电梯检验检测技术概述 …………………………… 124

第一节　电梯检验检测技术的类型 …………………………… 124

第二节　电梯检验检测技术的发展趋势 …………………… 129

第六章　远程电梯检测系统 ……………………………… 131

第一节　电梯监控系统 …………………………………… 133

第二节　电梯远程监控系统 ……………………………… 136

第七章　不同通电情况下电梯的检验检测 ……………… 147

第一节　通电前、后的检查测量工作 …………………… 147

第二节　电梯功能检验检测 ……………………………… 150

参考文献 ………………………………………………… 156

第一章　电梯概述

电梯是指通过动力驱动，利用沿刚性轨道运行的箱体或者沿固定线路运行的梯级（踏步），进行外降或平行运送人、货物的机电设备。电梯包括载人（货）电梯、自动扶梯、自动人行道等。

电梯诞生一百多年来给人们的生活、生产带来了诸多的方便，但也给人带来了灾难，比如设计不合理、产品不合格造成了人身伤害事故；安装不合格导致了电梯伤人事故，作业人员违章操作造成了伤人事故等。一百年来，人们为了电梯的安全运行做了不懈的努力，电梯安全运行设施不断完善，安全性能不断增强，相应的规章制度、法律、标准不断健全。但由于人的不安全行为或电梯产品质量的不合格，电梯处于不安全状态，电梯人身伤害事故还是时有发生。

目前，国内电梯产业仍存在不完善之处。淘汰老型继电器控制电梯；统一技术标准，在制造、安装、保养和维修等方面进行综合治理；开展产品质量认证，加强对安装单位的管理，严格检查验收，完善使用保养制度等势在必行。近年来，为保证电梯最终质量，在建立全国性完整的电梯管理法规、落实检查机构、壮大安装调试队伍、组建维修保养网络和提高相关人员技术素质等方面，我国电梯行业正在进行一系列实质性的工作，并走向法治化。

第一节　电梯的发展历程

电梯的发展大体上可分为 5 个阶段。

一、13 世纪前的绞车阶段

很久之前，人们就使用一些原始的升降工具运送人和货物。公元前 1115 年至 1079 年，我国劳动人民发明了辘轳。它采用卷筒的回转运动完成升降动作，因而增加了提升物品的高度。公元前 236 年，希腊数学家阿基米德设计制作了由绞车和滑轮组构成的起重装置。这些升降工具的驱动力一般是人力或畜力。

二、19 世纪前半叶的升降机阶段

19 世纪初，在欧美开始用蒸汽机作为升降工具的动力。1835 年，在英国出现了以蒸汽为动力的升降机；1845 年，英国人汤姆逊研制出了以水为介质的液压驱动升降机。这个时期，升降机以液压或气压为动力，安全性和可靠性还无保障，较少用于载人。

三、19 世纪后半叶的升降机阶段

1852 年，美国工程师奥的斯在总结前人经验的基础上制成了世界第一台安全升降机。1857 年，世界第一台客运电梯问世，为不断升高的高楼提供了重要的垂直运输工具。

四、1889 年电梯出现之后的阶段

1889 年 12 月，奥的斯公司研制出电力拖动的升降机——真正的电梯，安装在美国纽约市德马雷斯特（Demarest）大楼中，运行速度为 0.5 m/s。它采用直流电动机为动力，通过蜗轮减速器带动卷筒上缠绕的绳索，悬挂并升降轿厢。以后，大量的电梯技术出现了，这一阶段一直持续到 20 世纪 70 年代中期。

五、现代电梯阶段

从 1975 年开始的阶段称为现代电梯阶段，这个阶段以计算机、群控和集成块为特征，配合超高层建筑的需要，向高速、双层轿厢、无机房等多方面的新技术方向迅猛发展，电梯系统成为楼宇自动化的一个重要子系统。

在拖动控制技术方面，电梯的发展经历了直流电动机拖动控制，交流单速电动机拖动控制，交流双速电动机拖动控制，直流有齿轮、无齿轮调速拖动控制，交流调压调速拖动控制，交流变压变频调速拖动控制，交流永磁同步电动机变频调速拖动控制等阶段。电梯拖动控制技术不断成熟，加之电子技术、计算机技术、自动控制技术在电梯中的广泛应用，使电梯在运行的可靠性、安全性、舒适感、平层精度、运行速度、节能降耗、减少噪声等方面都有了极大改善。目前，电梯拖动控制系统使用最广泛的、技术较为先进的是变压变频调速拖动控制系统，其最高运行速度可达到 16 m/s。

19 世纪末，直流电梯的出现，使电梯的运行性能明显改善。20 世纪

初，开始出现交流感应电动机驱动的电梯，后来槽轮式（即曳引式）驱动的电梯代替了鼓轮卷筒式驱动的电梯，为长行程和具有高度安全性的现代电梯奠定了基础。早期的交流电动机拖动系统受技术所限，不能灵活调速，仅在对调速性能要求不高的场合才采用单速或双速交流电动机拖动。

20世纪上半叶，直流调速系统在中、高速电梯中占有较大比例。1967年，晶闸管用于电梯驱动，出现了交流调压调速驱动控制的电梯。1983年，出现了变压变频控制的电梯。交流调压调速系统和交流变压变频调速系统使交流调速系统的性能得到明显改善，而交流感应电动机的结构简单、运行可靠、价格便宜，因此，高性能的交流调速系统得到越来越广泛的应用，出现了可调速的交流电动机拖动取代直流电动机拖动的趋势。目前，除了少数大容量电梯仍然采用直流电动机拖动系统以外，几乎都采用交流电动机拖动系统。

1996年，交流永磁同步无齿轮曳引机驱动的无机房电梯出现，电梯技术又一次革新。曳引机和控制柜置于井道中，因此省去了独立机房，节约了建筑成本，增加了大楼的有效面积，提高了大楼建筑美学的设计自由度。这种电梯还具有节能、无油污染、免维护和安全性高等特点，目前已成为电梯技术发展的重要方向。

在操纵控制方式方面，电梯的发展经历了手柄开关操纵、按钮控制、信号控制、集选控制等过程，对于多台电梯，出现了并联控制、智能群控等。

1892年，美国奥的斯公司开始采用按钮操纵装置，取代传统的轿厢内拉动绳索的操纵方式，为操纵方式现代化开了先河。1902年，瑞士迅达电梯公司开发了自动按钮控制的乘客电梯；1915年，制造出了微调节自动平层电梯。1924年，奥的斯公司在纽约新建的标准石油公司大楼安装了第一台信号控制的电梯，这是一种自动化程度较高的有司机电梯；1928年，开发并安装了集选控制电梯。1946年，奥的斯公司设计了群控电梯；1949年，首批群控电梯安装于纽约联合国大厦。

我国最早的一部电梯由美国奥的斯公司于1901年在上海安装。100多年来，中国电梯行业的发展经历了以下几个阶段。

（一）进口电梯的销售、安装、维护保养阶段（1900—1949年）

自第一部电梯在上海出现开始，1931年，上海开办了我国第一家从事电梯安装、维修业务的电梯工程企业；1935年位于上海南京路、西藏路交叉口的9层高度的大新公司（今上海第一百货商店）安装了我国最早使用的轮带式单人自动扶梯。这一阶段我国电梯拥有量仅约1100台，全部是美国等西方国家制造的。

（二）独立自主，艰苦研制、生产阶段（1950—1979年）

这一阶段，我国先后在上海、天津、沈阳、西安、北京、广州建立了8家电梯制造厂，并先后成立了有关的科研机构，在有关院校开办相关的专业培养技术人才，独立自主制造各类电梯产品，如交流货梯、客梯，直流快速、高速客梯等。国产的电梯产品装备了人民大会堂、北京饭店等场所。20世纪60年代开始，批量生产自动扶梯和自动人行道，装备了首都机场（自动人行道）、北京地铁（自动扶梯）等标志性建筑。

（三）建立三资企业，行业快速发展阶段（自1980年至今）

1980年7月4日，中国建筑机械总公司、瑞士迅达股份有限公司、香港怡和迅达（远东）股份有限公司三方合资组建中国迅达电梯有限公司。中国电梯行业相继掀起了引进外资的热潮，国外先进的电梯技术、电梯制造工艺与设备、先进的科学管理，使我国的电梯制造业迅速成长为研发、生产、销售、安装、服务五位一体的高新科技产业。

据中国电梯协会统计，2022 年度我国累计产量为 145.4 万台。截至2022 年年底，我国电梯保有量达 1000 多万台，在电梯产量、电梯保有量、电梯增长率方面均为世界第一。随着科学技术的不断进步，中国人一定能够生产出更快、更安全、更舒适的电梯产品。

100 多年来，电梯的材质由黑白到彩色，样式由直式到斜式，在操纵控制方面更是步步出新——手柄开关操纵、按钮控制、信号控制、集选控制、人机对话等，多台电梯还出现了并联控制，智能群控；双层轿厢电梯展示出节省井道空间，提升运输能力的优势；变速式自动人行道扶梯的出现大大节省了行人的时间；不同外形——扇形、三角形、半菱形、半圆形、整圆形的观光电梯则使身处其中的乘客的视线不再封闭。如今，世界各国的电梯公司还在不断地进行电梯新品的研发工作，调频门控、智能远程监控、主机节能、控制柜低噪声耐用、复合钢带环保——一款款集纳了人类在机械、电子、光学等领域最新科研成果的新型电梯竞相问世，冷冰冰的建筑因此散射出人性的光辉，人们的生活因此变得更加美好。

第二节　电梯的分类

一、按用途分类

（一）乘客电梯

代号 KT，用于运送乘客。必要时，在载重能力及尺寸许可的条件下，也可运送物件和货物。一般用于办公大楼、招待所及部分生产车间。

（二）载货电梯

代号 HT，用于运送货物，乘载箱容积较大，载重量较大。有一种载货电梯有驾驶员驾驶，装卸人员可随电梯上下，具有足够的载货能力，又具有客梯所具有的各种安全装置，所以又称客、货两用电梯。另一种载货电梯是专门载货的，无人驾驶，不准乘人，厢外操作。

（三）病床电梯

代号 BT，医院用来运送病人及医疗器械等。轿厢深，起动、起停平稳。

（四）杂货梯

代号 ZT，专门用于运送 500 kg 以下的物件，不准乘人。

（五）建筑施工用电梯

代号 IT，运送建筑施工人员和材料。

此外，还有观光梯、矿用梯、船用梯等。

二、按驱动方式分类

（一）曳引式

由曳引电动机驱动电梯运行，结构简单、安全，行程及速度均不受限制。有交流电梯和直流电梯两种。交流电梯有单梯、双速、调速之分，一般用于低速梯、快速梯，采用交流电动机；直流电梯一般用于快速、高速电梯，采用直流发电机和直流电动机，或交流电整流设备和直流电动机组成的机组。

（二）液压式

用液压油缸顶升，有垂直柱塞顶升式和侧柱塞顶升式。

（三）齿轮齿条式

这类电梯主要用齿轮与齿条传动提升。

三、按提升速度分类

（一）低速梯

速度为 0.25 m/s、0.5 m/s、0.75 m/s、1m/s，以货梯为主。

（二）快速梯

速度为 1.5 m/s、1.75 m/s，以客梯为主。

（三）高速梯

速度为 2 m/s、2.5 m/s、3 m/s，用作高层客梯。

四、按操纵方式分类

（一）KP

轿内手柄开关操纵，自动平层，手动开关门。

（二）KPM

轿内手柄开关操纵，自动平层，自动开关门。

（三）AP（XP）

轿内按钮选层，自动平层，手动开关门。

（四）XPM

轿内按钮选层，自动平层，自动开关门。

（五）KJX

集选控制（可以有人驾驶，也可以无人驾驶），自动平层，自动开关门。

（六）KJQ

交流调速集选控制（可以有人驾驶，也可以无人驾驶），自动平层，自动开关门。

（七）ZJQ

直流快速集选控制（可以有人驾驶，也可以无人驾驶），自动平层，自动开关门。

（八）TS

门外按钮控制，一般用于简易电梯或有特殊用途电梯。

五、按有无蜗轮减速器分类

（一）有齿轮电梯

采用蜗轮蜗杆减速器，用于低速梯和快速梯。

（二）无齿轮电梯

曳引轮、制动轮直接固定在电动机轴上用于高速、超高速电梯。

六、整机房位置分类

（一）机房设置在井道的顶部

钢丝绳驱动的电梯，机房一般都设置在井道的顶部。

（二）机房设置在井道的底部

例如液压式或场地有特殊要求的钢丝绳驱动式电梯。

七、其他类别

（一）自动扶梯

分轻型和重型两类，每类又按装饰分为全透明无支撑、全透明有支撑、半透明或不透明有支撑、室外用自动扶梯等几种，一般用于大型商场、大楼、机场、港口等处。

（二）自动人行道

主要用于机场、车站和码头、工厂生产自动流水线等处。

（三）液压梯

用液压作为动力以驱动轿厢升降，有乘客梯、载货梯之分，一般用于速度低、载重量大的情况下。

（四）气压梯

用压缩空气作为动力以驱动轿厢升降，也有乘客梯、载货梯之分。

第三节　电梯的基本构造

电梯是一种复杂的机电产品，一般由机房、轿厢、厅门及井道与井底设备4个基本部分组成。

一、机房

机房位于电梯井道的最上方或最下方，供装设曳引机、控制柜，限速器、选层器、配线板、电源开关及通风设备等。

机房设在井道底部的，称为下置式曳引方式。此种方式结构较复杂，钢丝绳弯折次数较多、缩短了钢丝绳的使用期限，增加了井道承重，且保养困难，因此，只有机房不可能设在井道顶时才采用。

机房设在顶部的，称为上置式曳引方式。这种方式设备简单，钢丝绳弯折次数少、成本低、维护简单、被普遍采用。如果机房既不可能设置在底部，也不可能设置在顶部，可考虑选用机房侧置式。

（一）曳引机

曳引机是装在机房内的主要传动设备，它由电动机、制动器、减速器（无齿轮电梯无减速器）、曳引轮等机件组成，靠曳引绳与曳引轮的摩擦来实现轿厢运行的驱动机器，曳引机可分为有齿轮曳引机与无齿轮曳引机两种类型。这是使电梯轿厢升降的起重机械。

1. 电动机

电动机也称为马达，是拖动电梯的主要动力设备。它的作用是将电能转换为机械能，产生转矩，此转矩输入减速器，减慢转速增大转矩，带动其输出轴上所装的曳引轮旋转（无齿轮电梯不用减速器，而是由电动机直接带动曳引轮旋转），然后由曳引轮上所绕的曳引钢丝绳将曳引轮的旋转运动转化为钢丝绳的直线移动，使轿厢上下升降运动。

电梯上常用的电动机有：

（1）单速笼型异步电动机，这种电动机只有一种额定转速，一般用于杂物电梯等。

（2）双速双绕组笼型异步电动机，这种电动机高速绕组用于起动、运行，低速绕组用于电梯减速过程和检修运行，国产电梯使用较多。

（3）双速双绕组线绕转子异步电动机，这种电动机的结构在发热和效率方面均优于笼型。

（4）曳引机用直流电动机，对于有齿轮直流电梯，则常采用的型号为 ZTD 型直流电动机，用于快速电梯和高速电梯。

2. 制动器

制动器是电梯曳引机当中重要的安全装置。制动器的作用是能使在运行中的电梯断电后立即停止运行，并使停止运行的电梯轿厢在任何停车位置定位，不再移动，直到工作需要并再给予通电时才能使轿厢再一次运行。

电梯曳引机上一般都采用常闭式双瓦块型直流电磁制动器，它的性能稳定、噪声较低、工作可靠，即便是交流电动机拖动的曳引机构，也配用直流电磁制动器，由专门的整流装置供电（直流电梯由电磁电源供电）。

对于有齿轮曳引机，制动器应装在电动机与减速器连接处的带制动轮的联轴器上。对于无齿轮曳引机，制动轮常与曳引轮铸成一体，直接装在电动机轴上。当曳引电动机通电时，制动器即松闸；切断电动机的电源，制动器立即合闸，使轿厢立即停在停机位置不动。当制动器合同时，制动闸瓦应紧密地贴合在制动轮的工作面上，制动轮与闸瓦的接触面积应大于闸瓦面积80%松闸时，两侧闸瓦应同时离开制动轮，其间隙应不大于0.7 mm，且四周间隙数值应均匀且相同。

3. 曳引减速器

对于低速或快速电梯，轿厢的频定速度为0.5~1.75 m/s，但是常用的交流或直流电动机的同步转速为1000 r/min，这种电动机属中高速小扭矩范围，不能适应电梯的低速大扭矩的要求。必须通过减速器降低转速增大扭矩，才能适应电梯的运行需要。

在许多类型减速器中，以蜗杆蜗轮传动减速器最适宜用于电梯曳引机作减速装置。这是由于蜗杆传动减速器结构最紧凑，减速比（即传动比）较大，运行较平稳和噪声较小。其缺点是效率较低和发热量较大。常用的蜗杆传动减速器有蜗杆下置式传动减速器、蜗杆上置式传动减速器和立式蜗杆传动减速器三种，其中以蜗杆下置式传动减速器较为可靠和常用。

4. 曳引轮

钢丝绳曳引电梯的轿厢是由钢丝绳绕着曳引轮而悬挂在曳引轮左、右两侧。钢丝绳与曳引轮上的绳槽接触，它们之间产生的摩擦力也可称为曳引力。曳引轮在曳引机的拖动下产生的回转运动，通过钢丝绳转化为直线移动，并通过曳引作用，将运动传给轿厢与对重，使其能绕曳引轮并悬挂在曳引轮两侧作直线升降移动。曳引轮材料为球量铸铁，它的圆周上车制有绳槽，常用绳槽的槽形有半圆槽、V 形槽和凹形槽（也称为带切口半圆槽）3 种。槽形的不同，钢丝绳与曳引轮间的曳引力也不同，因此应选择合适的曳引轮绳槽的槽形。

5. 曳引钢丝绳

主要包括：

（1）乘客电梯或载货电梯的曳引用钢丝绳，应符合有关规程的规定。

（2）悬挂轿厢和对重的曳引钢丝绳还应符合下述要求：钢丝绳的公称直径不小于 8 mm；钢丝绳采用双强度时，外层钢丝抗拉强度应为 140 kN/ mm^2，内层钢丝的抗拉强度应为 180 kN/ mm^2；钢丝绳的结构、伸长、圆度、柔性、试验等特性应符合标准的规定。悬挂轿厢和对重的钢丝绳至少应为 2 根。若采用回绕法（即 2∶1 绕法）则应计算钢丝绳实际使用根数而不是其下垂数。

（二）限速器

设置在井道顶部适当位置。在轿厢向下超速运行时起作用。限速器的动作应发生在速度至少等于额定速度115%时。这时，限速器将限速钢丝绳轧住，同时断开安全钳开关，使主机和制动器同时失电制动，并拉动安全钳拉杆使安全钳动作，用安全钳钳块将轿厢轧在导轨上，单停轿厢，防止发生重大事故。

（三）极限开关

1. 开关的功能特点

这种开关一般装在机房内，当电梯轿用运行到达井道的上、下端站极限工作位置时，由于端站限位开关失效而超过轿厢极限工作行程50~200 mm时，此极限开关就应动作，切断电梯的主电源而停住轿厢。常用的极限开关是一种特殊设计的闸刀开关，它可以作电源开关使用，也可与电源开关串联连接。当轿厢超过极限位置时，附装在轿厢架上的越程撞弓与井道内所设置的越程打脱架碰撞，使打脱架动作并拉动越程开关钢丝绳迫使极限开关动作，切断主回路，使轿厢停止运行。

这是电梯中除去端站减速开关和端站限位开关以外的最后一道防线，其动作主要是依靠机械动作来拉动闸刀开关，它对轿厢上、下端站的超越极限工作位置都能适用。极限开关只在上、下端站减速开关和上、下端站限位开关都失效时才会起作用，动作机会较少，所以不易损坏，但每次动作后必须到机房内用手动复位，才能使电梯继续运行。

2. 极限开关设置和使用要求

极限开关应是用机械的动作来保证切断电梯主电源的开关装置，不允许利用空气开关或其他电气控制方式来操作，这种开关必须能带负荷合闸或松闸，并且不能自动复位。一次越程动作断电后，必须查明轿厢越程原因，排除故障后，才能将极限开关复位和接通电源。

有关规定如下：

（1）电梯应设有极限开关，并应设置在尽可能接近端站时起作用而无误动作危险的位置上。极限开关应在轿厢或对重（如果有的话）接触缓冲器之前起作用，并在缓冲器被压缩期间保持其动作状态。

（2）极限开关的控制主要如下：正常的端站减速开关和极限开关必须采用分别的控制装置；对于强制驱动的电梯，极限开关的控制应利用与电梯驱动主机的运动相连接的一种装置，或利用处于井道顶部的轿厢和对重，如果没有对重的话，则利用处于井道顶部和底部的轿厢；对于曳引驱动的电梯，极限开关的控制应直接利用处于井道的顶部和底部的轿厢，或利用一个与轿厢间接连接的装置，如钢丝绳皮带或链条。

（3）极限开关的操作方法主要如下。

对卷筒驱动的电梯，当需要时用机械方法直接切断电动机和制动器的供电回路，应采取措施使电动机不得向制动器线圈供电。

对曳引驱动的单速或双速电梯，极限开关应能通过一个符合规定的电气安全装置，切断向两个接触器线圈直接供电的电路。接触器的各触点在电动机和制动器的供电电路中应串联连接。每个接触器应能够切断带负荷的主电路。

对可变电压或连续变速电梯，极限开关应能使电梯驱动主机迅速停止运转。极限开关动作后，只有经过专职人员调整后，电梯才能恢复运行。如果在每一端设有数个限位开关，其中应至少有一个能防止电梯在两个方向的运动。并且，至少这个限位开关应由专职人员来调整。

（四）控制柜（俗称电台）

控制柜设置在机房内与曳引机相近的位置，该柜上有各种继电器和接触器，通过各种控制线和控制电缆与轿用上各控制器件连接。当按动轿用或层站操纵盘上各种按钮时，控制柜上各种相应的继电器就吸合或断开，操纵电梯起动与运转，停车与制动，正、反转，快速慢速，以达到预定的自动控制性能和安全保护性能的要求。

（五）信号屏

当电梯层站较多（一般超过 7 站时），就应增设信号屏。屏内装有层楼指示、召唤、选层等作用的继电器，当按下任何一站层门旁的召唤按钮时，相应的继电器就吸上自保，使召唤灯点亮，当继电器复位时熄灭。在信号控制电梯中召唤继电器屏也用作记忆层外的召唤命令，当电梯轿厢经过或达到该层楼时，就能使之自动停靠，在停靠的同时使继电器复位。当层楼数很多时（一般为 16 层以上时），信号屏根据需要可分为层楼指示屏、召唤屏和选层屏。对层站较少的电梯，这些信号屏将都并入控制屏而只设一只控制柜。

（六）选层器和层楼指示器

1. 选层器

选层器具有与轿厢同步运动部分，它的作用是判定记忆下来的内选、外呼和轿厢的位置关系，确定运行方向，决定减速，确定是否停层，预告停车指示轿厢位置，消去应答完毕的呼梯信号，控制开门和发车等。

选层器可分为机械式选层器、电动式选层器、继电器式选层器、电子式选层器等。

2. 层楼指示器

层楼指示器即走灯机，在层楼较少的电梯中，有时不设选层器而设置层楼指示器。它由曳引机主轴一端引出运动，通过链轮、链条、齿轮传动带动电刷旋转，层楼指示器机架圆盘上有代表各停站层的定触头，电刷旋转时与这些触头联通，就点亮了层门上的指示灯、轿内指示灯和使用自保的召唤继电器，供电梯到站时复位之用。在层楼指示器的作用下，当轿厢位于任一层楼时，相应于该楼的选层继电器吸上接通或断开一组触头，达到了控制电梯停车和换向的目的。

（七）导向轮

导向轮也称为过桥轮或抗绳轮，是用于调减曳引钢丝编在曳引轮上的包角和轿厢与对重的相对位置而设置的滑轮。这种滑轮的缆槽可采用半圆槽，槽的深度应大于钢丝绳直径的 1/3。槽的圆弧半径 XT 应比钢丝缆半径放大 1/20。导向轮的节圆直径与钢丝绳直径之比也应采用 40 倍，这与曳引轮是一样的。

导向轮的构造分为两种：一是导向轮轴为固定心轴，在其轮壳中配有滚动轴承，心轴两端用垫板和 U 形螺钉定位固定的方式；二是导向轮轴是固定心轴，轮壳中也配有滚动轴承，但心轴两端用心轴座、螺栓、双头螺栓等定位的方式。

二、轿厢

轿厢是电梯中装载乘客或货物的金属结构件，它借助轿厢架立柱上、下 4 个导靴沿着导轨作垂直升降运动，完成载客或载货的任务。

轿用由轿厢架、轿底、轿壁、轿顶和轿门等组成。除杂物电梯外，常用电梯的轿厢的内部净高度应大于 2 m。

（一）轿厢架

轿厢架又称为轿架，是轿厢中承重的结构件。轿厢架有两种基本类型。

1. 对边形轿厢架

适用于具有一面或对面设置轿门的电梯。这种形式的轿架受力情况较好，是大多数电梯所采用的构造方式。

2. 对角形轿厢架

常用在具有相邻两边设置轿门的电梯上，这种轿厢架受力情况较差，特别对于重型电梯，应尽量避免采用。

轿厢架的构造。不论是对边形轿厢架还是对角形轿厢架，均由上梁、下梁、立柱、拉杆等组成。这些构件一般都采用型钢或专门折边而成的型材，通过搭接板用螺栓连接，可以拆装，以便进入井道组装。对轿厢架的盛体或每个构件的强度要求都较高，要保证电梯运行过程中，万一产生超速而导致安全钳轧住导轨掣停轿厢，或轿厢下坠与底坑内缓冲器相撞时，不致发生损坏情况。对轿厢架的上梁、下梁，还要求在受载时发生的最大挠度应小于其跨度的 1/1000。

（二）轿厢底

轿厢底由底板和框架组成，框架一般用槽钢和角钢制成，有的用板材压制成型后制作，以减轻重量。底板直接与人和货物接触，对于货梯因承受集中载荷，底板一般用4~5 mm的花纹钢板直接铺设；对于客梯常采用多层结构，即底层为薄钢板，中间是原夹板，面层铺设塑胶板或地毯等。

（三）轿壁

一般轿厢的厢壁用厚度为1.5 mm钢板经折边后制作，为装饰上的要求，轿壁可做成钢板涂塑的，或贴铝合金板带嵌条，在高级的电梯贴覆镜面不锈钢做装饰。有时为了减轻自重，在货梯或杂物梯上，也可将轿壁板上半部采用钢板拉伸网制作。轿壁应具有足够的机械强度，从轿厢内任何部位垂直向外，在5 cm²圆形或方形面积上，施加均匀分布的300 N的力，其弹性变形不大于5 cm。

（四）轿顶

轿顶上应能支撑两个人。在厢顶上任何位置应都能承受2 000 N的垂直力而无永久变形。此外，轿顶上应有一块不小于0.12 m²的站人用的净面积，其小边长度至少应为0.25 m。对于轿内操作的轿厢，轿顶上应设置活板门（即安全窗），其尺寸应不小于0.3 m×0.5 m。该活板门应有手动锁紧装置，可向轿外打开，活板门打开后，电梯的电气联锁装置就断开，使轿厢无法开动，以保证安全。同时，轿顶还应设置检修开关、急停开关和电源插座，以满足检修人员在轿顶上工作时使用的需要，在轿顶靠近对重的一面应设置防护栏杆，其高度不超过轿厢的高度。

（五）导靴（即轿脚）

装在轿厢架上横梁两侧和下横梁安全钳座下部，每台轿用共装4套，是为了防止轿厢（或对重）运行过程中偏斜或摆动而设置的。导靴是引导轿厢和对重服从于导轨的部件。轿厢导靴安装在轿厢上梁和轿厢底部安全钳座下面；对重导靴安装在对重架上部和底部。导靴的种类，按其在导轨工作面上的运动方式可分为滑动导靴和滚动导靴。滑动导靴又按其靴头的轴向位量是固定的还是浮动的，可分成固定滑动导靴和弹性滑动导靴。

1. 固定滑动导靴

主要由靴衬和靴座组成。靴座要有足够的强度和刚度。靴衬有单体式和复合式的，单体式靴衬的衬体是用减磨材料制成的复合式靴衬的衬体由强度较大的轻质材料制成，工作面覆盖一层减磨材料。固定滑动导靴的靴头是固定死的，因此，靴衬底部与导轨端部要留有间隙，所以，运动时会产生较大的振动和冲击，一般适用于 1 m/s 以下的电梯。但是固定滑动导靴具有较好的刚度，承载能力强，因而被广泛用于低速大吨位的电梯。

2. 弹性滑动导靴

由靴座、靴头、靴衬、靴轴、压缩弹簧或橡胶弹簧、调节套或调节螺母组成。弹性滑动导靴与固定滑动导靴的不同点就在于靴头是浮动的，在弹簧力的作用于，靴衬的底部始终压贴在导轨端面上，因此，能使轿厢保持较稳定的水平位置。弹性滑动导靴在电梯运行时，在导轨间距的变化和偏重力的变化下，其靴头始终作轴向浮动，因此，导靴在结构上必须允许靴头有合适的伸缩间隙值。

3. 滚动导靴

以 3 个滚轮代替滑动导靴的 3 个工作面。2 个滚轮在弹簧力的作用于，压贴在导轨 3 个工作面上，电梯运行时，滚轮在导轨面上滚动。滚动导靴以滚动摩擦代替滑动摩擦，大大减少了摩擦损耗能量。同时，还在导轨的 3 个工作面方向实现了弹性支承，并能在 3 个方向上自动补偿导轨的各种几何形状误差和安装误差。滚动导轨能适应高的运行速度，在高速电梯上得到广泛应用。

（六）平层感应器

在采用电气平层时常用于簧管式平层感应器，装在轿厢顶侧适当位置，当电梯运行进入平层区域时，由井道内固定在导轨背面的平层感应钢板（也称为遮磁板）插入固定在轿厢架上的感应器而发出信号，使电梯自动平层。

（七）安全钳

安全钳装在轿厢下横梁旁侧，它在轿厢下行时因超载、断绳、失控等原因而发生超速下降或坠落时动作，将轿厢掣停在导轨上。

（八）反绳轮

反绳轮是设置在轿厢顶和对重顶的动滑轮及设置在机房的定滑轮。根据需要，曳引绳绕过反绳轮可以构成不同的曳引比。反绳轮的数量可以是 1 个、2 个或 3 个等，由曳引比而定。

曳引机的位置通常设在井道上部，有利于采用最简单的绕绳方式如下：

（1）轿厢顶部和对重顶部均无反绳轮，曳引绳直接拖动轿厢和对重。传动特点为 1∶1 传动方式。

（2）轿厢顶部和对重顶部设置反绳轮，反绳轮起着动滑轮的作用。

传动特点为2∶1传动方式。

（3）轿厢顶部和对重顶部设置反绳轮，机房上设导向滑轮。传动特点为3∶1传动方式。

对于2∶1和3∶1传动方式，曳引机只需承受电梯的1/2和1/3的悬挂重量，降低了对曳引机的动力输出要求，但是，增加了曳引绳的曲折次数，降低了绳索的使用寿命。同时，在传动中增加摩擦损失，一般用在货梯上，大吨位的货梯也有采用更大的传动比（6∶1）。

（九）轿厢操纵箱

轿厢内轿门附近应设有轿厢操纵箱，包括有主操纵盘、副操纵盘、轿内指层器等。主操纵盘上装有轿厢行驶开关、停层开关、关门开关等供驾驶电梯正常工作用的操纵开关和供特殊情况下使用的应急开关、电源开关。对于轿外操纵的电梯，操纵箱一般装在每层层楼的层门旁侧井道墙上。

1. 操纵开关

用于控制轿厢的升降运行，分为手柄开关和按钮开关两种。

2. 电源开关

用于控制操纵开关的电源，当控制开关失灵或电气线路故障时，可用电源开关切断电源，使轿厢停止运行。

3. 应急按钮和急停开关

当电梯的层门电锁开关或操纵开关失灵而导致轿厢停在两个层站之间的任何位置时，应先使电梯转入检修工作状态，然后按一下应急按钮，使轿厢平层，以便及时使乘客离开轿厢。但这个开关只能用于应急操纵，平时不应使用。当电梯需要立即停车时，可按下急停开关应能立即停住电梯。

4. 轿内层楼显示器

也称为轿内指层灯，向轿内乘客和驾驶人员指示轿厢位置之用。

5. 呼梯显示器

也可称为呼唤箱或铃牌箱、装在操纵箱上面，它能把乘客在层站上的召唤信号传递到轿厢内（点亮信号灯或鸣响蜂鸣器），使驾驶员据此操纵电梯的停层。

三、层站部分

（一）电梯门

1. 门的分类

按安装位置分类，电梯门分为层门和轿厢门。层门装在建筑物每层层站的门口，电梯门挂在轿厢上坎，并与轿厢一起升降。按开门方式分类，有水平滑动门和垂直滑动门两类。

水平滑动门分为中分式门和旁开式门，中分式门有单扇中分、双折中分，旁开式门有单扇旁开、双扇旁开（双折门）、三扇旁开（三折门）。

2. 层门与轿厢门的配置关系

层、轿门有各种配置关系，层门、轿门为中分式封闭门。层门、轿门为双折式封闭门。层门、轿门为中分双折式封闭门。

3. 门的选择

（1）客梯的层门，轿门一般采用中分式封闭门。因为中分式自动门开关的速度快，使用效率高。对于井道宽度较小的建筑物内，客梯的层门、轿门也可以选用双折式封闭门。

（2）货梯一般要求门口宽敞，便于货物和车辆进出装运。再则，货梯运行不频繁，所以设置的门无论是自动开门还是手动开门，均采用旁开门结构，对门要求足够高的载货电梯和汽车电梯，则采用垂直滑动门。

垂直滑动门应做到：①为保证人员和货物进出安全，轿门是封闭的，而层门是带孔或网板结构，网孔或网板尺寸不得大于 10 mm×60 mm；②门扇关闭平均速度不应大于 0.3 m/s，凡门的关闭动作是在电梯驾驶人员连续控制下进行的；③轿门应关闭 2/3 以上时，层门才能开始关闭。

4. 门的结构

电梯门扇一般用 1.5 mm 厚的钢板折边而成，并在门扇背面涂敷阻尼材料（油灰腻子等），可减小门的振动，增强隔声效果。为防止撞击产生变形，在门的适当部位增设加强筋，以提高门的强度和刚度。

在电梯门上部装有特制的门滑轮，门与门滑轮一体挂在层门和轿门上坎。门上坎设置与门滑轮相适应的滚动导轨。

为保证层门、轿门在开关过程中的平稳性，在门的下部设置门导靴，确保门导靴在规定的地坎槽中滑移。

5. 开关门机

电梯的开关门方式有手动和自动两种。为使电梯运行自动化以及减轻电梯驾驶员劳动强度，需要设置自动开关门机构，电梯实现电脑化后，其有着更多、更复杂的控制功能。

6. 层门门锁

层门门锁是由机械联锁和电气联锁触点两部分结合起来的一种特殊的门电锁。当电梯上所有层门上的门电锁的机械锁钩全部啮合，同时层门电气联锁触头闭合，电梯控制回路接通，此时电梯才能起动运行。如果有一个层门的门电锁动作失效，电梯就无法开动。常用层门门锁有手动门锁和自动门锁两种。

第一，手动层门门锁。通常安装在层门关闭口的门导轨支架上并装有锁壳，在相应的层门上装有拉杆，安装后应启闭灵活。另外，在装有门锁拉杆的基站层门上，装有手开层门锁（三角钥匙锁）。此锁供电梯驾驶员或管理人员在层站上开启层门使用。

第二，自动层门门锁。此种门锁有两种形式：一种为间接接触式门锁，由于安全可靠性较差，不宜推广使用；另一种为直接接触式门锁，乘客电梯均装此种自动层门门锁，安装在电梯每层楼的层门上。轿门是由自动开关门机直接带动的，而层门是由定位于轿厢上的开门机带动与轿门同时打开或关闭。

7. 证实层门闭合的电气装置

（1）每个层门的电气锁都应是联锁的，如果一个层门（或多扇层门中的任何一扇门）开着，在正常操作情况下，应不可能起动电梯，也不可能使它保持运行。

（2）在与轿门联动的水平滑动层门的情况下，倘若这个装置是依赖层门有效关闭的话，则它可以用来证实锁紧状态。

（3）在铰链式层门的情况下，此装置应装于门的关闭边缘处或装在验证层门关闭状态的机械装置上。

（4）对于用来验证层门锁紧状态和关闭状态的装置的共同要求，在门打开或未锁住的情况下，从人们正常可接近的位置，用一个单一的不属于常规操作的动作应不可能开动电梯。验证锁紧元件位置的装置必须动作可靠。

8.门保护装置

对于自动门电梯应有一种装置，在门关闭后不小于 2 s 时间内，防止轿厢离开停靠站。从门已关闭后到外部呼梯按钮起作用之前，应有不小于 2 s 时间，让进入轿厢的使用者能按压其选择的按钮（集选控制运行有轿门的电梯例外）。轿门由动力进行关闭，则应有一个关门时反向开门的装置。为不使乘客被自动关闭的门所夹持或碰痛，常采用门保护装置。

（二）层门层楼显示器

层门层楼显示器即层楼指示灯，装在层门上面或侧面，向层站上乘客指示电梯行驶方向及轿厢所在层楼。也有不用指示灯而用指针的机械式层楼显示器。

（三）层门呼梯按钮

装在层门侧面，分为单按钮和双按钮两种。在上端站或下端站应装设单按钮，其余层站应装设双按钮。

（四）井道部分

1. 导轨

导轨是为电梯轿厢和对重提供导向的构件。

电梯导轨的种类，以其横向截面的形状区分，大部分导轨的工作表面，一般均不经过加工，通常用于运行平稳性要求不高的低速电梯，如杂物梯、建筑工程梯等。

电梯导轨使用 T 形为多。此种导轨具有良好的抗弯性能和可加工性。

对于不装安全钳的对重导轨或杂物电梯的导轨，允许用表面平滑并经过校直的角钢等型钢作为导轨。T 形导轨的接头应做成凹凸样型。2 根导轨接头处用连接板和螺栓连接定位。其连接刚度不得低于导轨其他部分的刚度。

导轨通常敷设于井道壁上的导轨撑架上。用特殊的压导板通过圆头方颈螺栓、螺母等加以固定。每个导轨至少设有 2 个导轨架，其间隔应小于 2.5 m。电梯运行时，导轨限制轿厢和对重沿着严格的铅垂直线上下升降移动。当安全钳动作时，导轨应具有足够的强度和刚度承受满载轿厢的全部重量，通过安全钳钳头或楔块将轿厢轧在导轨上，并经得起所发生的冲击载荷。

2. 导轨架

导轨架作为支撑和固定导轨用的构件，固定在井道壁或横梁上，承受来自导轨的各种作用力。其种类可分为以下几种。

（1）按服务对象，可分为轿厢导轨架、对重导轨架、轿厢与对重共用导轨架等。

（2）按结构形式，可分为整体式结构和组合式结构。

（3）按形状分，导轨架有多种形状，常见的有山形导轨架，其撑臂是斜的，倾斜角为 15°或 30°，具有较好的刚度。一般为整体式结构，常用于轿厢导轨架。

框形导轨架，其形状成矩形，制造比较容易，可制成整体式或组合式，常用于轿厢导轨架和轿厢与对重共用导轨架。L 形导轨架，其结构简单，常用于对重导轨架。

3. 补偿装置

电梯行程 30 m 以上时，由于曳引轮两侧悬挂轿厢和对重的钢丝绳的长度有变化，需要在轿厢底部与对重底部之间装设补偿装置来平衡因曳引钢丝绳在曳引轮两侧长度分布变化而带来的载荷过大变化。它的形式具体如下。

（1）补偿链。以铁链为主体，悬挂在轿厢与对重下面。为降低运行中铁链碰撞引起的噪声，在铁链中穿上麻绳。此种装置结构简单，但不适用于高速电梯，一般用在速度小于 1.75 m/s 的电梯。

（2）补偿绳。以钢丝绳为主体，悬挂在轿厢或对重下面，具有运行较稳定的优点，常用于速度大于 1.75 m/s 的电梯。

（3）平衡补偿链悬挂。补偿链悬挂安装时，轿厢底部采用 S 形悬钩和 U 形螺栓连接固定。

（4）新型平稳补偿链结构。新型结构在补偿链的中间有低碳钢制成的环链，中间填塞为金属颗粒和具有弹性的橡胶、塑料混合材料，且形成表面保护层。此种补偿链质量密度高，运行噪声小，可适用于各类快速电梯。

4. 对重

对重的作用是以其面量去平衡轿厢侧所悬挂的重量，以减少曳引机功率和改善曳引性能。

对重由对重架和对重块组成。对重架上安装有对重导靴。当采用 2∶1 曳引方式时，在架上设有对重轮，此时应设置一种防护装置，以避免悬挂绳松弛时脱离绳槽，并能防止绳与绳槽之间进入杂物。有的电梯在对重上设置安全钳，此时，安全钳设在架的两侧。对重架通常以槽钢为主体构成，有的对重架制成双栏结构，可减小对重块的尺寸，便于搬运。对于金属对重块，且电梯速度不大于 1 m/s，则用 2 根拉杆将对重块紧固住。对重块用灰铸铁制造，其造型和重量均要适合安装维修人员的搬运。对重块装入对重架后，需要用压板压牢，防止其在电梯运行中发生窜动。

5. 控制电缆

轿厢内所有电气开关、照明、信号的控制线要与机房、层站连接，均需通过控制电缆，一般在井道中间位置有接线盘引出接头，通过控制电缆从轿厢底部接入轿厢，也可从机房控制柜直接引入井道。

6. 限位开关及减速开关

（1）限位开关控制电梯轿厢运行时不允许超过上、下端站一定的位置，如果轿厢越位碰到限位开关，就会切断电梯控制回路，使电梯停止运行。限位开关装在井道上部和底坑中，开关上装有橡胶滚轮，轿厢上装有撞弓，轿厢在正常行程范围内其撞弓不会碰到限位开关，只有发生故障或超载、打滑时才会碰到该限位开关而切断控制回路。

（2）减速开关装在限位开关前面，上端站减速开关在上端站限位开关下方。下端站减速开关在下端站限位开关上方，当轿厢运行到上端站或下端站进入减速位置时，轿厢上的撞弓应先碰到减速开关。该开关动作将快车继电器切断使轿厢减速以防止越位。这种装置也属于用机械碰撞转换为电气动作，所以也称机械强迫减速装置。

7. 井道的顶部空间和底坑尺寸要求

（1）井道的顶部空间。

当对重完全压实在缓冲器上时，应同时满足下面 3 个条件：①轿厢导轨长度应能提供大于等于 $0.1+0.035v^2(\text{m})$ 的进一步制导行程，v 为轿厢额定速度（m/s）。②轿厢顶部最高位置的水平面面积，即轿顶站人用净面积大于 $0.12\ \text{m}^2$，其短边至少为 $0.25\ \text{m}$，与井道顶部最低位置部件水平面（包括托梁或固定在井道顶下面部件的下端面）之间的自由垂直距离至少为 $0.1+0.035v^2(\text{m})$。③井道顶部的最低部件与固定在轿顶上设备的最高部件之间的自由垂直距离大于等于 $0.3+0.035v^2(\text{m})$，井道顶部最低部件与轿厢导靴、滚轮、钢丝绳附件和垂直滑动门的横梁或部件的最高部分之间的自由垂直距离应大于等于 $0.1+0.03v^2(\text{m})$。

与以上三个条件一样还需要满足的附加条件为：轿厢上方应有足够的空间，该空间的大小以能放进一个大于等于 $0.5\ \text{m}\times0.6\ \text{m}\times0.8\ \text{m}$ 的矩形体为准（可以任何一面朝下放置）。

当轿厢全部压住其缓冲器时，对重导轨长度应提供一个大于等于 $0.1+0.035v^2(\text{m})$ 的进一步制导行程。

对各有补偿绳、张紧轮并装有防跳装置（制动或锁紧装置）的电梯，计算间距时 $0.035v^2(\mathrm{m})$ 值可用张紧轮可能移动量（随使用的绕法而定）再加上轿厢行程的 1/500 代替，考虑到钢丝绳的弹性，替代的最小值为 0.2 m。

（2）底坑。

第一，井道下部应设底坑，底坑内设有缓冲器、导轨底板及排水装置。底坑的底部应光滑平整，不得漏水和渗水。

第二，除层门外，如有通向底坑的门，应符合安全门的技术要求。如底坑深度超过 2.5 m，建筑物的布置允许对应设置底坑进口门。为了便于检修人员安全地进入底坑，如果没有其他通道，应设置从层门进入底坑的永久通道。但此通道不得占用电梯运行空间。

第三，轿厢完全压实在缓冲器上时，应同时满足下述条件：①底坑中应有能放进一个不小于 0.5 m×0.6 m×1.0 m 的矩形块为准的空间，矩形块可任意一面着地；②底坑的底部与轿厢最低部分间的净空距离应不小于 0.5 m，该底部与导靴或滚轮、安全钳楔块、护脚板或垂直滑动门的部件间的净空距离不超过 0.1 m。

第四节　电梯的工作性能指标和特点

一、电梯的工作性能指标

电梯的主要性能指标包括速度特性、工作噪声及平层准确度。

（一）速度特性

对于速度特性指标，《电梯技术条件》（GB/T 10058—2009）对加减速度最大值及垂直、水平振动速度的合格标准做了如下规定；加减速的最大值小于 1.5 m/s^2；垂直振动加速度小于等于 25 cm/g^2；水平振动加速度小于 15 c m/s^2。

（二）工作噪声

1. 机房噪声

电梯工作时，机房内的噪声级不应大于规定值（除接触器的吸合声等峰值外）。我国规定，噪声计在机房中离地面 1.5 m 处选测 5 点，平均值小于等于 80 dB（A）。

2. 轿厢内噪声

电梯在运行中，轿厢内的噪声级不应超过规定值。我国规定噪声计安放在轿厢内部平面中央，离地 1.5 m 处，其测量值小于等于 55 dB（A）。

3. 门开闭噪声

电梯开关门过程中的噪声级，不应大于规定值。我国规定噪声计放在层楼上，离地 1.5 m，在门宽度中央距门 0.24 m 处，其测量值小于等于 65 dB（A）。

（三）平层准确度

平层准确度是指轿厢到站停靠时，其地坎上平面与厅门地坎上平面垂直方向的误差。当电梯分别以空载和满载做上、下正常运行时，停靠同一层站的最大误差值应满足下列要求：

交流双速电梯：v 小于等于 0.63 m/s 时，差值小于等于 ±15 mm。

交流双速电梯：v 小于等于 1 m/s 时，差值小于等于 ±30 mm。

交、直流调速电梯：v 小于等于 2.5 m/s 时，差值小于等于 ±15 mm。

二、电梯的基本规格和特点

（一）电梯的基本规格

电梯的基本规格是用来确定某台电梯的服务对象、运送能力、工作性能及对井道、机房等土建设计的要求的，有以下一些内容。

1. 电梯的分类

客梯、货梯、住宅电梯等。

2. 额定承载量或额定人数

制造或设计规定的电梯承载量（kg）或乘搭电梯人数，是电梯的主参数。

3. 额定速度

制造和设计规定的电梯运行速度，单位为 m/s，也是电梯的主要参数。

4. 拖动方式

拖动方式指电梯采用的曳引机动力的种类。可分为交流电力拖动、直流电力拖动、液力拖动等。

5. 控制方式

对电梯的运行实行的操纵方式，即按钮控制、并联控制、集选控制等。

6. 轿厢尺寸

轿厢内部尺寸和外廓尺寸，以深和宽的乘积表示。内部尺寸由电梯种类和额定载重量决定。外廓尺寸关系到井道的设计。

7. 开门方式

轿门与厅门的结构形式分为中分式、双折式、旁开式或直分式等。

8. 层站高度

层站高度表示各层之间的高度。

9. 总行程高度

电梯由底层端站运行至顶层端站的高度。

10. 停站数

电梯停靠的楼层站数，停站数只能小于或等于楼层数。

(二) 电梯的基本特点

(1) 电梯是一种繁忙的交通工具，其起制动，正反转非常频繁，最高可达每分钟 120 次。

（2）电梯的操作部件很多，有多少楼层，就有多少呼梯按钮，轿厢内也就有多少选层按钮。

（3）操作者不确定，谁都可以按动这些按钮。

（4）电梯的可动部件也很多。

（5）每个楼层的层门都有开关运行，如果因为垃圾阻碍使得任意一个层门未能关严，电梯都会停止运行。

第二章　电梯的系统组成

电梯是服务于规定楼层的固定式升降设备，运行在至少两列垂直的或倾斜角小于15°的刚性导轨之间。电梯依附建筑物的井道和机房，由八大系统组成：曳引系统、轿厢和门系统、重量平衡系统、导向系统和安全保护系统。

第一节　曳引系统

曳引系统由曳引机、导向轮、钢丝绳和绳头组合等部件组成，其驱动方式有曳引驱动、卷筒驱动（强制驱动）、液压驱动等，现在使用最广泛的是曳引驱动。曳引驱动发挥传动功能时，安装在机房的电动机与减速箱、制动器等组成曳引机，提供曳引驱动的动力。钢丝绳通过曳引轮一端连接轿厢，一端连接对重装置。

轿厢与对重装置的重力使曳引钢丝绳压紧在曳引轮的绳槽内。电动机转动时由于曳引轮绳槽与曳引钢丝绳之间的摩擦力，带动钢丝绳使轿厢和对重做相对运动，轿厢在井道中沿导轨上下运行。

曳引驱动的曳引力是由轿厢和对重的重力共同通过钢丝绳作用于曳引轮绳槽产生的。对重是曳引绳与曳引轮绳槽产生摩擦力的必要条件，也是构成曳引驱动不可缺少的条件。

曳引驱动的理想状态是对重侧与轿厢侧的重量相等。此时曳引轮两侧钢丝绳的张力 $xT_1 = xT_2$，若不考虑钢丝绳重量的变化，曳引机只要克服各种摩擦阻力就能轻松地运行。但实际上轿厢侧的重量是个变量，随着载荷的变化而变化，固定的对重不可能在各种载荷情况下都完全平衡轿厢侧的重量。因此，对重只能取中间值，按标准规定取平衡 $0.4 \sim 0.5$ 倍的额定载荷，故对重侧的总重量应等于轿厢自重加上 $0.4 \sim 0.5$ 倍的额定载重量。此 $0.4 \sim 0.5$ 即为平衡系数，若以 xT 表示平衡系数，则 $xT = 0.4 \sim 0.5$。

当 $xT = 0.5$ 时，在半载的情况下电梯的负载转矩将近似为零，电梯处于最佳运行状态。在空载和满载时，电梯的负载转矩绝对值相等而方向相反。

在采用对重装置平衡后，电梯负载从零（空载）至额定值（满载）之间变化时，反映在曳引轮上的转矩变化只有 ± 50，减轻了曳引机的负担，减少了能量消耗。

一、曳引机

曳引机是驱动电梯轿厢和对重装置上下运行的装置，是电梯的主要部件。曳引机的分类如下。

（一）按驱动电机分

（1）交流电动机驱动的曳引机。

（2）直流电动机驱动的曳引机。

（3）永磁电动机驱动的曳引机。

（二）按有无减速器分

（1）无减速器曳引机（无齿轮曳引机）。

（2）有减速器曳引机（有齿轮曳引机）。

二、制动器

为了提高电梯的安全可靠性和平层准确度，电梯上必须设有制动器，当电梯前动力电源失电或控制电路电源失电时，制动器应自动动作，制停电梯运行。在电梯曳引机上一般装有电磁式直流制动器。这种制动器主要由直流抱闸线圈、电磁铁芯、闸瓦、闸瓦架、制动轮（盘）、抱闸弹簧等构成。

制动器必须设有两组独立的制动机构，即两个铁芯、两组制动臂、两个制动弹簧。若一组制动机构失去作用，另一组应能有效地制停电梯运行。有齿轮曳引机采用带制动轮（盘）的联轴器。一般安装在电动机与减速器之间。无齿轮曳引机的制动轮（盘）与曳引绳轮是铸成一体的，并直接安装在曳引电动机轴上。

电磁式制动器的制动轮直径、闸瓦宽度及其圆弧有一定的角度。制动器是电梯机械系统的主要安全设施之一，而且直接影响着电梯的乘坐舒适感和平层准确度。电梯在运行过程中，根据电梯的乘坐舒适感和平层准确度，可以适当调整制动器在电梯启动时松闸、平层停靠时抱闸的时间，以及制动力矩的大小等。

为了减小制动器抱闸、松闸时产生的噪声，制动器线圈内两块铁芯之间的间隙不宜过大。闸瓦与制动轮之间的间隙也是越小越好，一般以松闸后闸瓦不碰擦运转着的制动轮为宜。

三、曳引钢丝绳

采用《电梯用钢丝绳》（GB/T 8903—2018）中规定的电梯用钢丝绳，这种钢丝绳分为 6×19S+NF 和 8×19S+NF 两种，均采用天然纤维或人造纤维作芯子。6×19S+NF 为 6 股，每股 3 层，外面两层各 9 根钢丝，最里层一根钢丝。8×19S+NF 的结构与 6×19S+NF 的相仿。每种有 6 mm、8 mm、11 mm、13 mm、16 mm、19 mm、22 mm 等几种规格。

电梯用钢丝绳的钢丝化学成分、力学性能等在《电梯用钢丝绳》（GB/T 8903—2018）中也做了详细规定。

电梯的曳引钢丝绳是连接轿厢和对重装置的机件，承载着轿厢、对重装置、额定载重量等重量的总和。为了确保人身和电梯设备的安全，各类电梯的曳引钢丝绳根数和安全系数要符合规定。在电梯产品的设计和使用过程中，各类电梯选用曳引绳根数和每根绳的直径也要按规定执行。

每台电梯所用曳引钢丝绳的数量和绳的直径，与电梯的额定载重量、运行速度、井道高度、曳引方式有关。在电梯产品设计中，当电梯的提升高度比较大时，由于钢丝绳的自重过大，电梯平衡系数随轿厢位置的变化而变化，给电梯的调整工作造成困难，甚至影响和降低电梯的整机性能。为此常在电梯轿厢和对重装置之间装设补偿绳或补偿链，以减少平衡系数的变化。

四、绳头组合

绳头组合也称曳引绳锥套。曳引绳锥套在曳引方式为 1∶1 的曳引系统中，是曳引钢丝绳连接轿厢和对重装置的一种过渡机件；在 2∶1 的曳引系统中，则是曳引钢丝绳连接曳引机承重梁及绳头板大梁的一种过渡机件。曳引机承重梁是固定、支撑曳引机的机件。一般由 2~3 根工字钢或 2 根槽钢和一根工字钢组成，梁的两端分别固定在对应井道墙壁的机房地板上。

绳头板大梁由 2 根 20~24 号槽钢组成，按背靠背的形式放置在机房内预定的位置上，梁的一端固定在曳引机的承重梁上，另一端固定在对应井边墙壁的机房地板上。采用曳引方式为 2∶1 的电梯，曳引钢丝绳的一端通过曳引绳锥套和绳头板固定在曳引机的承重梁上；另一端绕过轿顶轮、曳引绳轮和对重轮，通过曳引绳锥套和绳头板固定在绳头板大梁上。

绳头板是曳引绳锥套连接轿厢、对重装置或曳引机承重梁、绳头板大梁的过渡机件。绳头板用厚度为 20 mm 以上的钢板制成。板上有固定曳引绳锥套的孔，每台电梯的绳头板上钻孔的数量与曳引钢丝绳的根数相等，孔按一定的形式排列着。每台电梯需要两块绳头板。曳引方式为 1∶1 的电梯，绳头板分别焊接在轿架和对重架上。曳引方式为 2∶1 的电梯，绳头板分别用螺栓固定在曳引机承重梁和绳头板大梁上。

曳引绳锥套按用途可分为用于曳引钢丝绳直径为 13 mm 和 16 mm 两种。如按结构形式又可分为组合式、非组合式、自锁楔式 3 种。组合式的曳引绳锥套其锥套和拉杆是两个独立的零件，它们之间用铆钉铆合在一起。非组合式的曳引绳锥套，其锥套和拉杆是一体的。

曳引绳锥套与曳引钢丝绳之间的连接处，其抗拉强度应不低于钢丝绳的抗拉强度。

因此，曳引绳头需预先做成类似大蒜头的形状，穿进锥套后再用巴氏合金浇灌。采用曳引方式为 1∶1 的电梯。自锁楔式曳引绳锥套是 20 世纪 90 年代设计生产的，它可以省去浇灌巴氏合金的环节，或引绳伸长后的调节也比较方便。

第二节　轿厢和门系统

一、轿厢

轿厢是用来运送乘客或货物的电梯组件，由轿厢架和轿厢体两大部分组成。

（一）轿厢架

轿厢架由上梁、立梁、下梁组成。上梁和下梁各用 2 根 16~30 号槽钢制成，也可用 3~8 mm 厚的钢板压制而成。立梁用槽钢或角钢制成，也可用 3~6 mm 的钢板压制成。上、下梁有两种结构形式，其中一种把槽钢背靠背放置，另一种则面对面放置。由于上、下梁的槽钢放置形式不同，作为立梁的槽钢或角钢在放置形式上也不相同，而且安全钳的安全嘴在结构上也有较大的区别。

（二）轿厢

一般电梯的轿厢由轿底、轿壁、轿顶、轿门等机件组成，轿厢出入口及内部净高度至少为2m，轿厢的面积应按《电梯制造与安装安全规范第1部分：乘客电梯和载货电梯》（GB/T 7588.1—2020）的8.2条的规定进行有效控制。

轿底用6~10号槽钢和角钢按设计要求的尺寸焊接成框架，然后在框架上铺设一层3~4 mm厚的钢板或木板而成。一般货梯在框架上铺设的钢板多为花纹钢板。普通客、医梯在框架上铺设的多为普通平面无纹钢板，并在钢板上粘贴一层塑料地板。高级客梯则在框架上铺设一层木板，然后在木板上铺放一块地毯。

高级客梯的轿厢大多设计成活络轿用，这种轿厢的轿顶、轿底与桥架之间不用螺栓固定，在轿顶上通过4个滚轮限制轿厢在水平方向上作前后和左右摆动。而轿底的结构比较复杂，需有一个用槽钢和角钢焊接成的轿底框，这个轿底框通过螺栓与轿架的立梁连接，框的4个角各设置一块40~50 mm厚、大小为200 mm×200 mm左右的弹性橡胶。与一般轿底结构相似，与轿顶和轿壁紧固成一体的轿底放置在轿底框的4块弹性橡胶上。由于这4块弹性橡胶的作用，轿厢能随载荷的变化而上下移动。若在轿底再装设一套机械和电器的检测装置，就可以检测电梯的载荷情况。若把载荷情况转变为电的信号送到电气控制系统，就可以避免电梯在超载的情况下运行，从而减少事故的发生。

轿壁多采用厚度为1.2~1.5 mm的薄钢板制成，壁板的两头分别焊一根角钢作堵头。轿壁间以及轿壁与轿顶、轿底间多采用螺钉紧固成一体。壁板长度与电梯的类别及轿壁的结构形式有关，宽度一般不大于1000 mm。为了提高轿壁板的机械强度，减少电梯在运行过程中的噪声，在轿壁板的背面点焊由薄板压成的加强筋。大小不同的轿厢，用数量和宽度不等的轿壁板拼装而成。为了美观,有的在各轿壁板之间还装有铝镶条,有的还在轿壁板面上贴一层防火塑料板,并用 0.5 mm 厚的不锈钢板包边,有的还在轿壁板上贴一层 0.3~0.5 mm 厚、具有图案或花纹的不锈钢薄板等。对乘客电梯,轿壁上还装有扶手、整容镜等。

观光电梯轿壁可使用厚度不小于 10 mm 的夹层玻璃,玻璃上应有供应商名称或商标、玻璃型式和厚度的永久性标志。在距轿厢地板 1.1 m 高度以下,若使用玻璃作轿壁,则应在 0.9~1.1 m 的高度设一个扶手,这个扶手应牢固固定。

轿顶的结构与轿壁相仿。轿顶装有照明灯,有的电梯还装有电风扇,除杂物电梯外,有的电梯的轿顶还设置安全窗,在发生事故或故障时,便于司机或检修人员上轿顶检修井道内的设备,必要时乘用人员还可以通过安全窗离开轿厢。

由于检修人员经常上轿顶保养和检修电梯,为了确保电梯设备和维修人员的安全,电梯轿顶应能承受 3 个带一般常用工具的检修人员的重量。

轿厢是乘用人员直接接触的电梯部件。因此,各电梯制造厂对轿厢的装潢是比较重视的,特别是在高级客梯的轿厢装潢上更花心思,除常在轿壁上贴各种类别的装潢材料外,还在轿厢地板上铺地毯,轿顶下面加装各种各样的吊顶,如满天星吊顶等,给人以豪华、舒适的感觉。

二、轿门

轿门也称轿厢门,是为了确保安全,在轿厢靠近层门的侧面,设置供司机、乘用人员和货物出入的门。

轿门按结构形式分为封闭式轿门和网孔式轿门两种，按开门方向分为左开门、右开门和中开门 3 种。货梯也有采用向上开启的垂直滑动门，这种门的外形可以是网状的或带孔的板状结构。网状孔或板孔的尺寸在水平方向不得大于 10 mm，垂直方向不得大于 60 mm。医梯和客梯的轿门均采用封闭式轿门。

轿门除了用钢板制作外，还可以用夹层玻璃制作，玻璃门扇的固定方式应能承受《电梯制造与安装安全规范 第 1 部分：乘客电梯和载货电梯》（GB/T 7588.1—2020）规定的作用力，且不损伤玻璃的固定件。玻璃门的固定件，应确保即使玻璃下沉，也不会滑脱固定件。玻璃门扇上应有供应商名称或商标、玻璃的型式和厚度的永久性标志，对动力驱动的自动水平滑动玻璃门，为了避免拖拽孩子的手，应采取减少手与玻璃之间的摩擦因数，使玻璃不透明部分高达 1.1 m 或安装能够感知孩子的手指出现在危险区域的一种装置等有效措施，使危险降低到最低程度。

封闭式轿门的结构形式与轿壁相似。由于轿厢门常处于频繁的开关过程中，所以在客梯和医梯轿门的背面常进行消声处理，以减少开关门过程中由于振动所引起的噪声。大多数电梯的轿门背面除做消声处理外，还装有"防撞击人"的装置，这种装置在关门过程中，能防止动力驱动的自动门门扇撞击乘用人员。常用的防撞击人装置有安全触板式、光电式、红外线光幕式等多种形式。

安全触板式：安全触板是在自动轿厢门的边沿上，装有活动的在轿门关闭的运行方向上超前伸出一定距离的安全触板，当超前伸出轿门的触板与乘客或障碍物接触时，通过与安全触板相连的连杆机构使装在轿门上的微动开关动作，立即切断电梯的关门电路并接通开门电路，使轿门立即开启。安全触板碰撞力应不大于 5 N。

光电式：在轿门水平位置的一侧装设发光头，另一侧装设接收头，当光线被人或物遮挡时，接收头一侧的光电管产生信号电流，经放大后推动继电器工作，切断关门电路的同时接通开门电路。一般在距轿厢地坎高 0.5 m 和 1.5 m 处，两水平位置分别装有两对光电装置，光电装置常因尘埃的附着或位置的偏移错位，造成门关不上。为此它经常与安全触板组合使用。

红外线光幕式：在轿门门口处两侧对应安装红外线发射装置和接收装置。发射装置在整个轿门水平发射 40~90 道或更多道红外线，在轿门口处形成一个光幕门。当人或物将光线遮住，门便自动打开。该装置灵敏、可靠、无噪声、控制范围大，是较理想的防撞人装置。但它也会受强光干扰或尘埃附着的影响产生不灵敏或误动作。因此，也经常与安全触板组合使用。

封闭式轿门与轿厢及轿厢踏板的连接方式是轿门上方设置有吊门滚轮，通过吊门滚轮挂在轿门导轨上，门下方装设有门滑块，门滑块的一端插入轿门踏板的小槽内，使门在开关过程中只能在预定的垂直面上运行。

轿门必须装有轿门闭合验证装置，该装置因电梯的种类、型号不同而不同，有的用顺序控制器控制门电机运行和验证轿门闭合位置，有的用凸轮控制器上的限位开关，还有的用装在轿门架上的机械装置和装在主动门上的行程开关来检验轿门的闭合位置。只有轿门关闭到位后，电梯才能正常启动运行。在电梯正常运行中，轿门离开闭合位置时，电梯应立即停止。有些客梯轿厢在开门区内允许轿门开着走平层，但是速度必须小于 0.3 m/s。

三、层门

层门也叫厅门。层门和轿门一样，都是为了确保安全，而在各层楼的停靠站、通向井道轿厢的入口处，设置供司机、乘用人员和货物等出入的门。

层门应为无孔封闭门。层门主要由门框、厅门房、吊门滚轮等机件组成。门框由门导轨（也称门上坎）、左右立柱或门套、门踏板等机件组成。左（或右）开封闭式的结构和传动原理与中开封闭式层门相仿。因篇幅限制在此不做进一步介绍。

层门关闭后，门扇之间及门扇与门框之间的间隔应尽可能小。客梯的间隙应小于 6 mm，货梯的间隙应小于 8 mm。磨损后最大间隙也不应大于 10 mm。

由于层门是分隔候梯大厅和井道的设施，所以在层门附近，每层的自然或人工照明应足够亮，以便乘用人员在打开层门进入轿厢时，即使轿厢照明发生故障，也能看清楚前面的区域。如果层门是手动开启的，使用人员在开门前，应能通过面积不小于 0.01 m² 的透明视窗或一个"轿厢在此"的发光信号知道轿厢是否在那里。

电梯的每个层门都应装设层门锁闭装置、证实层门闭合的电气装置、被动门关门位置证实电气开关（副门锁开关）、紧急开锁装置和层门自动关闭装置等安全防护装置。确保电梯正常运行时，应不能打开层门（或多扇门的一扇）。如果一层门或多层门中的任何一扇门开着，在正常情况下，应不能启动电梯或保持电梯继续运行。这些措施都是为了防止坠落和剪切事故的发生。

四、开关门机构

电梯轿、厅门的开启和关闭，通常有手动和自动两种开关方式。

（一）手动开关门机构

电梯产品中采用手动开关门的情况已经很少，但在个别货梯中还采用手动开关门。

采用手动开关门的电梯，是依靠装设在轿门和轿顶、层门和层门框上的拉杆门锁装置来实现的。

拉杆门锁装置由装在轿顶（门框）或层门框上的锁和装在轿门或层门上的拉杆两部分构成。门关妥时，拉杆的顶端插入锁的孔里，由于拉杆压簧的作用，在正常情况下拉杆不会自动脱开锁，而且轿门外和层门外的人员用手也扒不开层门和轿门。开门时，司机用手拉动拉杆，拉杆压缩弹簧使拉杆的顶端脱离锁孔，再用手将门往开门方向推，便能实现手动开门。

轿门和层门之间没有机械方面的联动关系，所以开门或关门时，司机必须先开轿门后开层门，或者先关层门后关轿门。

采用手动门的电梯，必须是由专职司机控制的电梯。开关门时，司机必须用手依次关闭或打开轿门和层门。所以司机的劳动强度很大，而且电梯的开门尺寸越大，劳动强度就越大。随着科学技术的发展，采用手动开关门的电梯将越来越少，已逐步被自动开关门电梯所代替。

（二）自动开关门机构

电梯开关门系统的好坏直接影响电梯运行的可靠性。开关门系统是电梯故障的高发区，提高开关门系统的质量是电梯从业人员的重要目标之一。通过广大从业人员的努力，电梯开关门系统的质量已有明显提高。近年来常见的自动开关门机构有直流调压调速驱动及连杆传动、交流调频调速驱动及同步齿形带传动和永磁同步电机驱动及同步齿形带传动3种。

1. 直流调压调速驱动及连杆传动开关门机构

在我国这种开关门机构自20世纪60年代末至今仍广泛采用，按开门方式又分为中分和双折式两种。由于直流电动机调压调速性能好、换向简单方便等特点，一般通过皮带轮减速和连杆机构传动实现自动开关门。

2. 交流调频调速驱动及同步齿形带传动开关门机构

这种开关门机构利用交流调频调压调速技术对交流电机进行调速，利用同步齿形带进行直接传动，省去复杂笨重的连杆机构、降低开关门机构功率，提高开关门机构传动精确度和运行可靠性等，是一种比较先进的开关门机构。

3. 永磁同步电机驱动及同步齿形带传动开关门机构

这种开关门机构使用永磁同步电机直接驱动开关门机构，同时使用同步齿形带直接传动，不但保留变频同步开关门机构的低功率、高效率的特点，而且大大减小了开关门机构的体积。它特别适用于无机房电梯的小型化要求。

五、门锁装置

门锁装置一般位于层门内侧，是确保层门不被随便打开的重要安全保护设施。层门关闭后，将层门锁紧，同时接通门联锁电路，此时电梯方能启动运行。当电梯运行过程中所有层门都被门锁锁住，一般人员无法将层门撬开。只有电梯进入开锁区，并停站时层门才能被安装在轿门上的刀片带动而开启。在紧急情况下或需进入井道检修时，只有经过专门训练的专业人员方能用特制的钥匙从层门外打开层门。

门锁装置分为手动开关门的拉杆门锁和自动开关门的钩子锁（也称自动门锁）两种。

自动门锁只装在层门上，又称层门门锁。钩子锁的结构形式较多，按《电梯制造与安装安全规范 第 1 部分：乘客电梯和载货电梯》（GB/T 7588.1—2020）的要求，层门门锁不能出现重力开锁，也就是当保持门锁锁紧的弹簧（或永久磁铁）失效时，其重力也不应导致开锁。

门锁的机电联锁开关，是证实层门闭合的电气装置，该开关应是安全触点式的，当两个电气触点刚接通时，锁紧元件之间啮合深度至少为 7 mm，否则应调整。

如果滑动门是由数个间接机械连接（如钢丝绳、皮带或链条）的门扇组成的，且门锁只锁紧其中的一扇门，用这扇单一锁紧门来防止其他门扇的打开，而且这些门扇均未装设手柄或金属钩装置时，未被直接锁住的其他门扇的闭合位置也应装一个电气安全触点开关来证实其闭合状态。这个无门锁门扇上的装置被称为副门锁开关。当门扇传动机构出现故障时（如传动钢丝绳脱落等），造成门扇关不到位，副门锁开关不闭合，电梯也不能启动和运行，以此起到安全保护作用。

第三节　重量平衡系统

一、重量平衡系统的功能、组成及作用

（一）重量平衡系统的功能

使对重与轿厢能达到相对平衡，在电梯工作中能使轿厢与对重间的重量差保持在某一个限额之内，保证电梯的曳引传动平稳、正常。

（二）重量平衡系统的组成

由对重装置和重量补偿装置两部分组成。

（三）重量平衡系统的作用

重装置和重量补偿装置两部分组成平衡系统，其中对重装置起到相对平衡轿厢重量的作用，它与轿厢相对悬挂在曳引绳的另一端。

补偿装置的作用是：当电梯运行的高度超过 30 mm 时，由于曳引钢丝绳和控制电缆的自重作用，使得曳引轮的曳引力和电动机的负载发生变化，补偿装置可弥补轿厢两旁重量不平衡。这就保证了轿厢侧与对重侧的重量比在电梯运行过程中不变。

二、对重

（一）对重的作用

（1）可以平衡（相对平衡）轿厢的重量和部分电梯负载重量，减少

电机功率的损耗。当电梯的负载与电梯十分匹配时，还可以减小钢丝绳与绳轮之间的曳引力，延长钢丝绳的使用寿命。

（2）由于曳引式电梯有对重装置，轿厢或对重撞到缓冲器上后，电梯失去曳引条件，避免了冲顶事故的发生。

（3）曳引式电梯由于设置了对重，使电梯的提升高度不像强制式驱动电梯那样受到卷筒的限制，因而提升高度也大大增加。

（二）对重的重量计算

对重的总重量计算公式为：

$$G = W + K_{平} \times Q$$

式中：G 为对重总重量，单位为 kg；W 为轿厢自重，单位为 kg；K 为平衡系数，取值范围为 0.4~0.5；Q 为电梯额定载重量，单位为 kg。

对经常使用的电梯平衡系数应取下限，而经常处于重载工况的电梯则取上限。对于负载较小、额定负载不超过 630 kg 的小型电梯，即使超载一名乘客或一包货物，不平衡率也显得很大，也有可能会引起撞顶事故，因此，这类电梯的平衡系数可以取大于 0.5 的值。当平衡系数大于 0.5 时，也称为超平衡点。

三、补偿装置

电梯在运行中，轿厢侧和对重侧的钢丝绳以及轿厢下的随行电缆的长度在不断变化。例如，60 m 高建筑物内使用的电梯，用 6 根直径为 13 mm 的钢丝绳，总重量约为360 kg。随着轿厢和对重位置的变化，这个总重量将轮流地分配到曳引轮两侧。为了减小电梯传动中曳引轮所承受的载荷差，提高电梯的曳引性能，宜采用补偿装置。

补偿装置的形式有如下两种：

（一）补偿链

补偿链以链为主体，悬挂在轿厢和对重下面。为了减小链节之间由于摩擦和磕碰而产生的噪声，常在铁链中穿麻绳。这种装置没有导向轮，结构简单，若布置或安装不当，则补偿链容易碰到井道内的其他部件。补偿链常用于速度低于 1.6 m/s 的电梯。

（二）补偿绳

补偿绳以钢丝绳为主体，底坑中设有导向装置，运行平稳，可适用于速度在 1.6 m/s 以上的电梯。

第四节　导向系统

一、导向系统的组成和功能

轿厢导向和对重导向均由导轨、导靴和导轨架组成。轿厢的 2 根导轨和对重的 2 根导轨限定了轿厢与对重在井道中的相互位置；导轨架作为导轨的支撑件，被固定在井道壁；导靴安装在轿厢和对重架的两侧（轿厢和对重各装有 4 个导靴），导靴里的靴衬（或滚轮）与导轨工作面配合，使一部电梯在曳引绳的牵引下，一边为轿厢，另一边为对重，分别沿着各自的导轨上下运行。

导向系统的功能是限制轿厢和对重活动的自由度，使轿厢和对重只沿着各自的导轨做升降运动，使两者在运行中平稳，不会偏摆。有了导向系统，轿厢只能沿着在轿厢左右两侧竖直方向的导轨上下运行。

二、导轨

导轨对电梯的升降运动起导向作用，它限制轿厢和对重在水平方向的移动，保证轿厢与对重在井道中的相互位置，并防止由于轿厢偏载而产生倾斜。当安全钳动作时，导轨作为被夹持的支撑件，支撑轿厢或对重。每台电梯均至少具有轿厢两侧 2 列导轨及对重装置两侧 2 列导轨。导轨是确保电梯轿厢和对重装置在预定位置上下垂直运行的重要机件。导轨加工生产和安装质量的好坏，直接影响着电梯的运行效果和乘坐舒适感。近年来国内电梯产品使用的导轨分为 T 形导轨和空心导轨两种。

每根导轨的长度一般为 3~5 m。对导轨进行连接时不允许采用焊接或用螺栓连接，而是将导轨接头处的两个端面分别加工成凹凸样槽互相对接好，背后再附设一根加工过的连接板（长约 250 mm，厚为 10 mm 以上，宽与导轨相适应），每根导轨至少用 4 个螺栓与连接板固定。

三、导轨支架

导轨支架是固定导轨的机件，按电梯安装平面布置图的要求，固定在电梯井道内的墙壁上。每根导轨上至少应设置 2 个导轨支架，各导轨支架之间的间隔距离应不大于 2.5 m。

导轨支架在井道墙壁上的固定方式有埋入式、焊接式、预埋螺栓式、胀管螺栓固定式和对穿螺栓固定式 5 种。固定导轨用的导轨支架应用金属制作，不仅应有足够的强度，而且可以针对电梯井道建筑误差进行弥补性的调整。

导轨及其附件应能保证轿厢与对重（平衡重）间的导向，并将导轨的变形限制在一定的范围内。不应出现由于导轨变形过大导致门的意外开锁、安全装置动作及移动部件与其他部件碰撞等安全隐患，确保电梯安全运行。

四、导靴

导靴安装在轿架和对重架上，分为轿厢导靴和对重导靴两种。它是确保轿厢和对重沿着导轨上下运行的装置，也是保持轿门地坎、层门地坎、井道壁及操作系统各部件之间的恒定位置关系的装置。电梯产品中常用的导靴按其在导轨工作面上的运动方式分为滑动导靴和滚动导靴两种。

（一）滑动导靴

滑动导靴有刚性滑动导靴和弹性滑动导靴两种。刚性滑动导靴的结构比较简单，被作为额定载重量3000 kg以上、运行速度v小于0.63 m/s的轿厢和对重导靴。额定载重量在2000 kg以下，1.0 m/s小于v小于2.0 m/s的轿厢和对重导靴，多采用性能比较好的弹性滑动导靴。

为了增强电梯的乘坐舒适感，减小运行过程中的噪声，没有设尼龙靴衬的刚性导靴与导轨接触面处应有比较高的加工精度，并定期涂抹适量的黄油，以提高其润滑能力。

采用弹性滑动导靴的轿厢和对重装置，常在导靴上设置导轨加油盒，通过油盒在电梯上下运行过程中给导轨工作面涂适量的润滑油脂。

（二）滚动导靴

刚性滑动导靴和弹性滑动导靴的靴衬无论是铁的还是尼龙的，在电梯运行过程中，靴衬与导轨之间总有摩擦力存在。这个摩擦力不但增加了曳引机的负荷，而且是轿厢运行时引起振动和噪声的原因之一。为了减少导轨与导靴之间的摩擦力，节省能量，提高乘坐舒适感，在运行速度 v 大于 2.0 m/s 的高速电梯中，常采用滚动导靴取代弹性滑动导靴。

滚动导靴主要由两个侧面导轮和一个端面导轮构成，3 个滚轮从 3 个方面卡住导轨，使轿厢沿着导轨上下运行。当轿厢运行时，3 个滚轮同时滚动，保持轿厢在平衡状态下运行。为了延长滚轮的使用寿命，减少滚轮与导轨工作面之间在做滚动摩擦运行时所产生的噪声，滚轮外缘一般由橡胶、聚氨酯材料制作，使用中不需要润滑。

第五节　安全保护系统

电梯作为垂直运行的交通工具，应具有足够的安全措施，否则在运行中一旦出现超速或者失控，将会带来无法估量的人员伤亡与经济损失。国务院颁布的《特种设备安全监察条例》明确规定了电梯是特种危险设备，从电梯的设计、制造、安装、使用、维修、检验等各个环节，对其进行安全监管控制。因此，电梯不但应该严格按照《电梯制造与安装安全规范 第 1 部分：乘客电梯和载货电梯》（GB/T 7588.1—2020）等标准设置齐全的安全保护装置，而且必须可靠有效。电梯在设计时设置了多种机械安全装置和电气安全装置，这些装置共同构成了电梯安全保护系统。

一、电梯安全保护系统的组成

电梯安全保护系统中设置的安全保护装置，一般由机械安全装置和电气安全装置两大部分组成。这些装置主要有：

超速（失控）保护装置——限速器、安全钳。

撞底（与冲顶）保护装置——缓冲器。

终端限位保护装置——强迫减速开关、终端限位开关、极限开关，可达到强迫换速、切断控制电路、切断动力电源三级保护的目的。

相关电气安全保护装置——能及时切断电源，过载及短路安全保护，相序安全保护，层门、轿门闭锁安全保护，防止触电安全保护等。

其他安全保护装置——出入口安全保护装置、消防装置、轿厢顶护栏、安全窗等保护装置。

此外，一些机械安全装置往往需要电气方面的配合和联锁才能完成其动作并取得可靠的效果。

二、限速器与安全钳

为了确保乘用人员和电梯设备的安全，限速装置和安全钳就是防止轿厢或对重装置意外坠落的安全设施之一。限速器能够反映轿厢或对重的实际运行速度，当速度达到极限值时（超过允许值）能发出信号及产生机械动作，切断控制电路或迫使安全钳动作；安全钳的作用是当轿厢（或对重）超速运行或出现突然情况时，能接受限速器操纵，以机械动作将轿厢强行制停在导轨上。

（一）限速器装置

由限速器、钢丝绳、张紧装置三部分构成。限速器一般装在机房内（无机房或小机房装在井道内）；张紧装置位于井道底坑，用压导板将其压在导轨上。钢丝绳将限速器与张紧轮连接起来。

限速器是依靠摩擦力来运动的。要保证钢丝绳与限速器之间有足够的摩擦力，以准确反映轿厢的运行速度。当限速器动作时，限速器对限速器绳的最大制动力应不小于 300 N，同时不小于安全钳动作所需提拉力的 2 倍。

（二）安全钳装置

一般设在轿厢架下的横梁上，通过钢丝绳与限速装置连接在一起。它由操纵机构与制停机构组成。安全钳按其动做过程的不同可分为瞬时式安全钳和渐进式安全钳两种。若电梯的额定速度大于 0.63 m/s，轿厢应采用渐进式安全钳。若电梯的额定速度小于或等于 0.63 m/s，轿厢可采用瞬时式安全钳。

限速器和安全钳要连在一起作用。限速器是速度反应和操作安全钳的装置，安全钳必须由限速器来操纵，禁止使用由电气、液压或气压装置来操纵的安全钳。当电梯运行时，电梯轿厢的上下垂直运动就转化为限速器的旋转运动。当旋转运动的速度超出极限值时，限速器就会切断控制回路，使安全钳动作。

三、缓冲器

缓冲器是电梯极限位置的最后一道安全装置，它设在井道底坑的地面上。在轿厢和对重装置下方的井道底坑地面上均设有缓冲器。若由于某种原因，当轿厢或对重装置超越极限位置，发生蹲底冲击缓冲器时，缓冲器将吸收或消耗电梯的能量，从而使轿厢或对重安全减速直至停止。所以，缓冲器是一种用来吸收或消耗轿厢或对重装置动能的制动装置。

电梯使用的缓冲器主要有两种形式：蓄能型缓冲器和耗能型缓冲器。常见的缓冲器有弹簧缓冲器、液压缓冲器和聚氨酯缓冲器三种。其中蓄能型缓冲器只能用于额定速度不超过 1.0 m/s 的电梯，而耗能型缓冲器可用于任何额定速度的电梯。

四、终端限位防护装置

终端限位保护装置是防止电气失灵时造成轿厢蹲底或冲顶的一种安全装置。终端限位保护装置包括强迫减速限位开关、终端限位开关、终端极限开关以及相应的碰板、碰轮及联动机构。

五、电梯中有关电气安全保护装置的规定及常用装置

（一）电梯必须设置的电气安全装置

我国国家标准《电梯技术条件》（GB/T 10058—2009）对电梯必须设置的电气安全装置做出了明确的规定。电梯必须设置的电气安全装置具体如下。

（1）超速保护装置。

（2）供电系统断相、错相保护装置。

（3）超越上、下极限工作位置时的保护装置。

（4）层门锁与轿门电气联锁装置。

（5）停电或电气系统发生故障时应有慢速移动轿厢的措施。

（6）在机房中，对应每台电梯应装设一个能切断该电梯总电源的主开关，该开关应具有切断电梯正常使用情况下最大电源的能力。

（7）电气设备的一切金属外壳必须采用保护接地或保护接零的装置（措施），零线与接地线应分开。

（8）轿顶应设有红色标志的非自动复位开关。

（9）轿顶必须设检修开关，并应符合以下要求：①上下只能点动；②轿厢运行速度不应超过 0.63 m/s；③检修运行只能在轿厢正常运行的范围内，且安全装置应起作用；④在检修开关上或其近旁应标出"正常"及"检修"字样，并标出运行的方向。

（10）井道底坑应设停止开关，开关上或其近旁应标出"停止"字样。

（二）电气故障的防护

我国国家标准《电梯制造与安装安全规范 第1部分：乘客电梯和载货电梯》（GB/T 7588.1—2020）对电梯电气故障防护的规定如下：

电梯可能出现各种电气故障，但下列电气设备中的任何一种故障，其本身不应成为电梯危险故障的原因。

（1）无电压。

（2）电压降低。

（3）导线（体）中断。

（4）对地或对金属构件的绝缘损坏（如果电路接地或接触金属构件

而造成接地，该电路中的电气安全装置应使曳引机立即停机，或在第一次正常停机后防止曳引机再启动。

（5）电气元件的短路或断（开）路，如电阻器、电容器、晶体管、灯等。

（6）接触器或继电器的可动衔铁不吸合或不完全吸合。

（7）接触器或继电器的可动衔铁不释放（断开）。

（8）触点不断开。

（9）触点不闭合。

（10）错相。

六、其他安全保护装置

（一）层门门锁的安全装置

乘客进入电梯轿厢首先接触到的就是电梯层门（厅门），正常情况下，只要电梯的轿厢没有到位（到达本站层），本层门的层门就不能打开，只有轿厢到位（到达本层站）后，随着轿厢门打开后才能随之打开。因此，层门门锁的安全装置的可靠性十分重要，直接关系到乘客进入电梯的第一关的安全性。

（二）近门保护装置

乘客进入层门后就立即经过轿厢门而进入轿厢。近门指的是接近轿厢的门，但由于乘客进出轿厢的速度不同，有时会发生被轿门夹住的情况。电梯上设置近门保护装置的目的就是防止轿厢在关门过程中出现夹伤乘客或夹住物品的现象。

（三）轿厢超载保护装置

乘客从层门进入轿厢后，轿厢里的乘客人数（或货物）所达到的载重量如果超过电梯的额定载重量，就可能出现电梯超载后所产生的不安全后果或超载失控，造成电梯超速降落的事故。

超载保护装置的作用是当轿厢超过额定负载时，能发出警告信号并使轿厢不能启动运行，从而避免意外事故的发生。

（四）轿厢顶部的安全窗

安全窗是设在轿厢顶部的一个向外开的窗口。安全窗打开时，限位开关的常开触点断开，切断控制电源，此时电梯不能运行。当轿厢因故停在楼房两层中间时，司机可通过安全窗从轿顶以安全措施找到层门。安装人员在安装或维修人员在处理故障时也可利用安全窗。由于控制电源被切断，可以防止人员出入轿厢窗口时因电梯突然启动而造成人身伤害事故。出入安全窗时还必须先将电梯急停开关按下（如果有的话）或用钥匙将控制电源切断。为了安全，司机最好不要从安全窗出入，更不能让乘客从安全窗出入。

因安全窗窗口较小，且离地面有 2 m 多高，上下很不方便。停电时，轿顶上很黑，又有各种装置，易发生人身伤害事故。也有的电梯不设安全窗，可以用紧急钥匙打开相应的层门上下轿顶。

（五）轿顶护栏

轿顶护栏是电梯维修人员在轿顶作业时的安全保护栏。轿顶装设护栏有利有弊；有护栏可以防止维修人员不慎坠落井道；然而，有护栏又使得有的维修人员倚靠护栏，反而思想麻痹，不慎时也会造成人体碰伤与擦伤。在实际工作中无护栏而坠入井道死亡者有之，有护栏而造成碰伤者也有之。设不设防护栏，应视电梯自身设备状况和井道尺寸、维修人员素质等情况，由当地劳动保护检测部门规定。就实践经验来看，设护栏比不设护栏更有利，只是设置护栏时应注意使护栏外围与井道内的其他设施（特别是对重）保持一定的安全距离，做到既可防止人员从轿顶坠落，又避免因扶、倚护栏造成人身伤害事故。在维修人员安全工作守则中可以写入"站在行驶中的轿顶上时，应站稳扶牢，不倚、靠护栏"和"与轿厢相对运动的对重及井道内其他设施保持安全距离"等字样，以提醒维修人员重视安全。

（六）底坑对重侧护栅

为防止人员进入底坑对重下侧而发生危险，在底坑对重两导轨之间应设防护栅，防护栅高度为 1.7 m，距地 0.5 m 装设。宽度不小于对重导轨两侧的间距，无论是水平方向还是垂直方向测量，防护网空格或穿孔尺寸均不得大于 75 mm。

（七）轿厢护脚板

轿厢不平层，当轿厢地面（地坎）的位置高于层站地面时，会使轿厢与层门地坎之间产生间隙，这个间隙有可能会使乘客的脚踏入井道，发生人身伤害事故。为此，国家标准规定，每一轿厢地坎上均需装设护脚板，其宽度是层站入口处的整个垂直以下部分成斜面向下延伸，斜面与水平面的夹角 xT 大于 60°。该斜面在水平面上的投影深度不小于 20 mm。护脚板用 2 mm 的厚铁板制成，装于轿厢地坎下侧且用扁铁支撑，以加大机械强度。

(八) 制动器扳手与盘车手轮

当电梯在运行中遇到突然停电造成电梯停止运行时，电梯又没有停电自投运行设备，且轿厢又停在两层门之间，乘客无法走出轿厢，这时就需要由维修人员到机房用制动扳手和盘车手轮两件工具人为操纵使轿厢就近停靠，以便疏导乘客。制动器扳手的式样因电梯抱闸装置的不同而不同，其作用都是用来使制动器的抱闸脱开。盘车手轮是用来转动电动机主轴的轮状工具（有的电梯装有惯性轮，亦可操作电动机转动）。操作时首先应切断电源由两人操作，即一人操作制动器扳手，一人盘动手轮。两人需配合好，以免因制动器的抱闸被打开而未能把住手轮致使电梯因对重的重量而造成轿厢快速行驶。一人打开抱闸，一人慢速转动手轮使轿厢向上移动。当轿厢移到接近平层位置时即可。制动器扳手和盘车手轮平时应放在明显位置并应涂上红漆以示醒目。

(九) 超速保护开关

在速度大于 1 m/s 的电梯限速器上都设有超速保护开关，在限速器的机械装置动作之前，此开关就得动作，切断控制回路，使电梯停止运行。有的限速器上安装两个超速保护开关，第一个开关动作使电梯自动减速，第二个开关才切断控制回路，对速度不大于 1 m/s 的电梯，其限速器上的电气安全开关最迟在限速器达到其动作速度时起作用。

(十) 曳引电机的过载保护

电梯使用的电动机容量一般都比较大，从几千瓦至十几千瓦。为了防止电动机过载后被烧毁而设置了热继电器过载保护装置。电梯电路中常采用的 JRO 系列热继电器是一种双金属片热继电器。两只热继电器元件分别接在曳引电动机快速和慢速的主电路中，当电动机过载超过一定时间，即电动机的电流长时间大于额定电流时，热继电器中的双金属片经过一定时间后变形，从而断开串接在安全保护回路中的接点，保护电动机不因长期过载而烧损。

现在也有将热敏电阻埋藏在电动机绕组中的，即当过载发热引起阻值变化时，经放大器放大使微型继电器吸合，断开其中在安全回路中的触头，从而切断控制回路，强令电梯停止运行。

（十一）电梯控制系统中的短路保护

一般短路保护是由不同容量的熔断器来进行的。熔断器是利用低熔点、高电阻金属不能承受过大电流的特点，使它熔断，切断电源，对电气设备起了保护作用。极限开关的熔断器是 RCIA 型插入式，熔体为软铅丝，形状为片状或棍状。电梯电路中还采用 RLI 系列蜗旋式熔断器和 RLS 系列螺旋式快速熔断器，用以保护半导体整流元件。

（十二）主电路方向接触器联锁装置

1. 电气联锁式装置

交流电梯运行方向的改变是通过主电路中的两只方向接触器改变供电相序来实现的。如果两只接触器同时吸合，则会造成电气线路的短路。为防止发生短路故障，在方向接触器上设置了电气联锁，即上方向接触器的控制回路是经过下方向接触器的辅助常闭接点来完成的，下方向接触器的控制电路受上方向接触器辅助常闭接点控制。只有下方向接触器处于失磁状态时，上方向接触器才能吸合，而下方向接触器吸合时上方向接触器一定处于失磁状态。这样上下方向接触器形成电气联锁。

2. 机械联锁式装置

为防止上下方向接触器电气联锁失灵，造成短路事故，在上下方向接触器的背面，装设了一支杠杆。当上方向接触器吸合时，由于杠杆作用，限制住下方向接触器的机械部分不能动作，使接触器接点不能闭合；当下方向接触器吸合时，上方向接触器接点也不能闭合，从而达到机械联锁的目的。

（十三）供电系统相序和断（缺）相保护

供电系统因某种原因造成三相动力线的相序与原相序有所不同，从而使电梯原定的运行方向变为相反方向时，会给电梯运行造成极大的危险性。同时，缺相保护的目的也是防止曳引机在电源缺相的情况下不正常运转而导致电动机烧损。电梯电气线路中采用了 XSJ 相序继电器，当线路错相或断相时，相序继电器切断控制电路，使电梯不能运行。

随着电力电子器件和交流传动技术的发展，电梯的主驱动系统应用晶闸管直接供电给直流曳引电动机，以及大功率 GTR 三极晶体管为主体的变频技术在交流调速电梯系统中的应用，使电梯系统工作时与电源的相序无关。因此，在这种系统中缺相保护是重要的。所以，电梯控制系统一般总是要求有缺相和保护两者相结合的保护继电器。

（十四）电气设备的接地保护

我国供电系统一般采用中性点直接接地的三相四线制，从安全防护方面考虑，电梯的电气设备采用接零保护。在中性点接地系统中，当一相接地时，接地电流成为很大的单相短路电流，保护设备能准确而迅速地切断电流，保障人身和设备安全。接零保护的同时，零线还要在规定的地点采取重复接地。重复接地是将零线的一点或多点通过接地体与大地再次连接。在电梯安全供电现实情况中还存在一定的问题：有的引入电源为三相四线，到电梯机房后，将零线与保护地线混合后使用；有的用敷设的金属管外皮作零线使用。这是很危险的。容易造成人身触电事故或损害电气设备。有条件的地方最好采用三相五线制的 TN-S 系统，直接将保护地线引入机房。如果采用三相四线制供电接零保护 TN-C-S 系统，则严禁电梯电气设备单独接地。电源进入机房后保护线与中性线应始终分开，该分离点（A 点）的接地电阻不应大于 4 Ω。

电梯电气设备如电动机、控制柜、布线管、布线槽等外露的金属外壳部分均应进行保护接地。

保护接地线应采用导线横截面积不小于 1.5 mm^2，且有绝缘层的铜线，或 4 mm^2 的裸铜线（禁止使用铝线）。线槽或金属管应相互连成一体并接地，连接可采用金属焊接，在跨接管路线槽时可用直径为 4~6 mm 的铁丝或钢筋棍，用金属焊接方式焊牢。

当使用螺栓压接保护地线时，应使用直径为 8 mm 的螺栓，并加平垫圈和弹簧垫圈压紧。接地线应为黄绿双色。当采用随行电缆芯线作为保护线时不得少于 2 根。

在电梯采用的三相四线制供电线路的零线上不准装设保险丝，以防人身和设备的安全受到损害。对于各用电设备的接地电阻应不大于 4 Ω。电梯生产厂家有特殊抗干扰要求的，按照厂家要求安装。对接地电阻应定期检测，动力电路和安全装置电路的接地电阻不得小于 0.5 MΩ，照明、信号等其他电路的接地电阻不小于 0.25 MΩ。

急停开关也称安全开关，是串接在电梯控制线路中的一种不能自动复位的手动开关，当遇到紧急情况或在轿顶、底坑、机房等处检修电梯时，为防止电梯的启动、运行，将开关关闭，切断控制电源以保证安全。

急停开关分别设置在轿厢操作盘（箱）上、轿顶操纵盒上及底坑内和机房控制柜壁上。有的电梯轿厢操作盘（箱）上不设此开关。

急停开关应有明显的标志，按钮应为红色，旁边标以"通""断"或"停止"字样，扳动开关，向上为接通，向下为断开，旁边也应用红色标明"停止"位置。

（十五）可切断电梯电源的主开关

每台电梯在机房中都应装设一个能切断该电梯电源的主开关，并具有切断电梯正常行驶时的最大电流的能力。若有多台电梯还应对各个主开关进行相应的编号。

（十六）紧急报警装置

当电梯轿厢因故障被迫停止时，为使电梯司机与乘客在需要时能有效地向外求援，应在轿厢内装设容易识别和触及的报警装置，以通知维修人员或有关人员采取相应的措施。报警装置可采用警铃（充电蓄电池供电的）、对讲系统、外部电话或类似装置。

第三章　电梯的检验

第一节　检验的流程、标准与困境

一、检验的流程

目前全国所有电梯检测机构的业务流程基本上大致相同。这一业务流程是经过多年应用、检测后，符合法规和实际工作情况的。如今有很多的检测机构都开通了自己的网站，这样不仅可以通过网站对外宣传自己，也给用户提供了网上申请报检的途径，大大方便了用户，也提高了效率。

电梯检验的流程具体如下：业务受理→资料审核→业务分配→现场检测→出具报告→报告审核批准→打印→存档。

在所有的模块中，现场检测占用的时间最长，工作最复杂，检测人员需要带上仪器、工具对在用电梯根据监督检测规程和定期检测规程进行逐台逐项检测。

二、检验的标准

电梯的检验通常可分为电梯的安装检验与电梯的维护保养检验，规范中称其为监督检验与定期检验。电梯的某设备或某部件进行特定项的维修、改进、更换或改造后，也须按所申报的项目进行特定的检验与鉴定。

电梯检验依照的主要标准和法规如下：

GB/T 7588.1—2020 电梯制造与安装安全规范 第 1 部分：乘客电梯和载货电梯；

GB/T 7588.2—2020 电梯制造与安装安全规范 第 2 部分：电梯部件的设计原则、计算和检验；

GB/T 10058—2009 电梯技术条件；

GB/T 10059—2009 电梯试验方法；

GB/T 10060-2011 电梯安装验收规范；

GB/50310—2002 电梯工程施工质量验收规范；

TSGT 7001—2009 电梯监督检验和定期检验规则——曳引与强制驱动电梯。

电梯制造企业对产品的设计、制造、安装、维修、保养的企业标准。

电梯的最终检验由国家市场监督管理总局核准的特种设备检验检测机构实施。检验检测机构以《电梯监督检验和定期检验规则——曳引与强制驱动电梯》（TSGT 7001—2009）为依据，制定相关的实施细则，使得在电梯检验的过程中更具有可操作性。

三、电梯检验模式的困境

(一) 电梯检验的模式

1. 监督检验

特种设备检验检测机构对新安装、改造、重大改装、发生重大设备事故、停用一年以上电梯的检验。

2. 定期检验

特种设备检验检测机构对在用电梯进行每年度的例行检验。

3. 日常检验

维保企业对电梯进行维修、保养及运行状况的常规检验。

4. 安装自检

电梯安装完毕后，安装企业对安装质量的检验。

5. 出厂检验

制造企业对产品在出厂前的检验。

(二) 电梯检验模式的困境

随着时代的不断发展，电梯设备监管和检测也随之发生了深刻的变化，最初由于电梯这种设备从数量上说不是很大，监督和检测是同一批人，为事故率下降和保障人民群众的生命财产做出了贡献。随着数量的增长和设备种类的扩充，监检人员明显不足，所以就促生了人员的分化，由专门人员负责特种设备的监察。在其后的很长一段时间里，这套体系运转良好，收到了很好的效果，有效地规范了市场秩序，降低了事故率。

近几年，随着市场经济的发展，电梯设备数量不断增长，尤其是随着城市化进程的加快，电梯数量增长和检测资源出现了矛盾，这套体系已不能满足现实的要求，因此需要一种新的模式来适应这种要求。

第二节　不同类型的电梯检验

一、电梯安装自检

（一）安装质量控制

电梯的安装检验可分为安装过程质量检验与安装完工最终检验。安装过程质量检验主要是针对一些在过程中不加以必要的质量控制与检验而在后期发现问题后难整改的特定项进行的必要的检验与控制。主要有样板的定位、导轨及导轨支架、层门的安装以及预埋承重梁等项目。

电梯样板架定位后，各部件安装的相关尺寸都将参照样板线来进行定位。如位置错误会使安装无法继续或导致拆除重装。若是梯群控制时，样板定位不但要考虑本梯井道，还需统筹兼顾层站处各梯的相对位置。

导轨与支架方面，导轨安装完毕后若再发现导轨本身存在有弯曲或扭曲等质量问题，就很难再有改进的机会了。脚手架拆除后再发现导轨的安装尺寸存在问题，同样很难再调整好。同理，在层站部位，外装饰完成后若再发现层门的安装尺寸有问题，在不破坏外装饰的情况下也是难以解决问题的。

所以，严格的质量控制与检验应该是贯穿在整个安装施工过程中的，各部件在安装过程中都要求有必不可少的过程检验，包括工序与工步的自检与互检，并按控制点的要求，即前道工序未通过检验或检验不合格时不允许进行下一工步施工。

　　安装过程中对电梯样板、导轨与支架、层门的一些相关尺寸要求需在安装过程中予以控制，并要做好详细记录。

　　（二）安装自检内容

　　电梯安装完毕后，安装单位首先要进行自下而上的逐级自检。为了确保安装工程质量，自检标准的要求有不少要高于国家标准。只有各级自检全部合格后才能上报至特种设备检验检测机构进行安装检验，具体技术要求如下。

　　1. 通用基本要求

　　（1）施工文件资料齐全，各报告填写完整、认真。

　　（2）轿厢、轿门、厅门、曳引机组、限速器、上行超速装置、控制柜等可见部位表面质量完好、外观整齐。

　　（3）各类信号指示按钮（按上述布置图施工）清晰明亮，动作准确无误。

　　（4）各运转或运动部位清洁、润滑、动作灵活可靠。

　　（5）各专用工具、夹具、应急解救装置（说明）等均已按要求放置并标明，吊钩已标明载重量。

　　（6）同一机房数台电梯的各部件均已编号，机房照明、门锁、消防措施完好。

2. 曳引机组

（1）曳引机组曳引轮、导向轮对轿厢、对重导轨（轮）中心垂直度偏差小于等于 2 mm。

（2）曳引轮在空轿厢时垂直度误差小于等于 1 mm。

（3）导向轮垂直度误差小于等于 1 mm。

（4）曳引轮与导向轮平行度误差小于等于 1 mm。

（5）承重梁的水平误差小于等于 1.5/1000，相互水平误差小于等 1.5/1000，总长方向最大偏差小于 3 mm。

（6）各承重梁相互平行误差小于等于 2 mm。

（7）承重梁两端埋入墙内，其理入深度超过墙厚中心 20 mm，且不应小于 75 mm。

（8）承重梁的埋设应符合安装说明书要求，必须用混凝土浇灌。

（9）搁机钢梁两端需封好且曳引机组距墙间隙大于 5 mm。

（10）制动器动作灵活可靠，无机械撞击声，闸瓦与制动盘接触面大于 95%，顶杆有可靠的闭合安全间隙，开闸间隙小于 0.6 mm。

（11）制动器监测开关需可靠，运行（开闸）时距螺杆间隙为 0.1~0.3 mm。

（12）导向轮外径最低点距楼板大于 100 mm。

（13）曳引钢丝绳应有醒目的层楼平层标志（黄色）及轿厢、对重等标志。

（14）各曳引钢丝绳张力误差小于 5%。

（15）曳引钢丝绳在曳引轮上高度须保证一致。

（16）曳引钢丝绳绳头锥套螺杆端部距螺母小于等于70 mm，安全销（开口销）距锁紧螺母大于等于5 mm。

（17）曳引轮专用夹绳装置、液压千斤顶、手盘轮应正确悬挂或放置并标写清楚。

（18）机房钢丝绳与通孔台阶的间隙合适，井孔台阶大于等于50 mm。

（19）曳引轮、手盘飞轮及电动机、齿轮箱近转动处需有轿厢升/降标志（动、静都须有）。

（20）各转动部分漆成黄色；松闸扳手漆成红色，同一机房若有数台电梯应分别标志。

（21）各转动部分的安全罩/盖/网已安装，曳引机组安装地坪若与机房地坪高度差大于等于500 mm已安装曳引机组紧急停止开关。

（22）齿轮箱油质需标准，油位正确，放油口位置正确。

（23）曳引机温度正常，风机工作正常；运行无异声。

3. 速度控制装置

（1）限速器底平面不得低于经装饰的机房地面，其垂直度误差小于等于0.5 mm。

（2）限速器电气线路须有管线并接地。

（3）限速器须有运行方向标志，并且护绳孔板需标准。

（4）限速器钢丝绳至导轨向面与顶面两个方向的偏差均小于等于10 mm。

（5）限速器张紧轮转动灵活，无碰擦。断绳开关与挡块的间隙大于等于 20 mm。

（6）限速器张紧轮底部离地坑平面距离高度为：

0.25 m/s 小于 v 小于等于 1 m/s，400 mm±50 mm；1 m/s 小于 v 小于 2 m/s，550 mm±50 mm，2 m/s 小于等于 v 小于 3 m/s，750 mm±50 mm（或按产品技术要求调整）。

（7）安全钳块与导轨侧面间隙为 2~3 mm，且各楔块间隙均匀，钳口与导轨顶面间隙大于 3 mm（或按产品技术要求调整）。

（8）安全钳起作用时，楔块动作基本一致，作用力均匀，能提前（可靠）断开安全钳开关。

（9）安全钳动作后，轿厢应保持平衡（空车时测量），轿厢底盘不平行度小于 3/1000。

（10）安全钳动作后，通电向下点冲，曳引轮打滑；向上点冲，楔块能自动复位。

4. 电气控制系统

（1）电梯的供电电源必须单独铺设。

（2）电气设备绝缘电阻测试：动力电路大于 0.5MΩ；其他电路（不包括电子电解电容回路）大于 0.25MΩ。

（3）动力线与控制线应分别铺设，如必须在同一线槽时其外部需要有金属屏蔽层且两端都必须可靠接地，不得相互缠绕。

（4）保护接地（接零）系统需良好，电线管、线槽、中间过路箱的跨接必须紧密、牢固、无遗漏，零线和接地线应始终分开。

（5）控制柜，电动机动力接地线应采用大于等于 4 mm² 的多股线。

（6）动力接线应用铜接头，铜接头制作应符合标准，接地多股线应做圈、上锡，固定时必须有平垫及弹垫。

（7）控制柜进出的动力线均有黄/绿/红色标，零线为浅蓝色、地线为黄/绿双色线。动力线外壳金属网接地。

（8）错、断相时，电梯应自动锁闭。

（9）控制柜垂直度偏差小于等于 $1.5×10^{-3}$，且安装牢固，下端要封口，但需要留有足够的通风缝隙。

（10）控制柜、曳引机等接线牢固，安装时需做一次可靠压紧。

（11）轿顶、轿厢、井道、底坑各电气部件接线须标准、牢固、可靠。

（12）机房内线管、线槽应固定/端口须规范封闭，线管线槽的垂直度、水平度偏差小于 2/1000。

（13）井道电线管、线槽垂直度误差小于等于 2/1000；全长误差小于 50 mm，水平误差小于等于 2/1000。

（14）井道内的电缆线铺设应横平竖直，分层箱处要求垂直、固定、牢靠、绑扎美观。

（15）各电线管、金属软管垂直方向固定间距 2~2.5 m，横向固定间距 1~1.5 m。软管电缆不大于 1 m，加支承架并用骑马固定，端头伸出长度不大于 0.1 m。

（16）单层绝缘电线两端外露出槽管部分不超过 300 mm，并用绝缘套管。

（17）配电柜应装在机房入口处，电源总开关中心距地高为 1.3~1.5 m。

（18）控制柜工作面距离其他物体大于等于 600 mm。

（19）各接线盒、线管、线槽、层门、层外召唤应用黄/绿双色线接地，轿厢接地不小于 2.5 mm²。接地线不允许有串接，各接头/点接线须规范。

（20）线槽转角处的电线应有保护层，各接线盒接线应走线合理。

（21）底坑内沿地面敷设的电缆应使用金属电线管保护，并要求防水。

5. 导轨及组件

（1）轿厢导轨正/侧工作面垂直偏差小于 0.5/5000 mm。

（2）对重导轨正/侧工作面垂直偏差小于 0.7/5000 mm。

（3）轿厢导轨的平行度偏差小于等于 2/1000 mm。

（4）对重导轨的平行度偏差小于等于 4/1000 mm。

（5）一对导轨间距偏差在整个高度不超过 1 mm。

（6）轿厢导轨与对重导轨在整个高度对角线偏差不超过 4 mm。

（7）导轨接头处的缝隙不大于 0.4 mm。

（8）导轨接口直线度（T 型三个面）轿厢小于等于 0.05/500，对重小于等于 0.10/500。

（9）导轨接头处的台阶修光长度：轿厢导轨为大于 300 mm，对重导轨为大于 200 mm。

（10）对重（或轿厢）将缓冲器完全压缩后，轿厢（或对重）导轨的进一步的制导行程大于等于 $(0.1+0.035v^2)$ m。

（11）每根导轨至少有 2 个导轨支架，导轨支架间距不大于 2.5 m。

（12）主、副导轨支架应在同一水平面上，其误差小于 300 mm。

（13）各导轨支架的安装尺寸应符合（过程测量）报告中的数据要求。

（14）每副支架正/反支架间应点焊两点且间距大于 120 mm，焊接长度大于 5 mm。

（15）各导轨支架膨胀螺栓平垫圈需点焊且对角两点焊实（适应于各平垫的点焊要求）。

（16）主、副导轨安装距离顶层楼板小于 50 mm。

6. 轿顶装置

（1）检修操作终点磁开关（停止开关）应在距端站平层 300～500 mm 时起作用，且能自动复位。

（2）层楼感应板安装应垂直、平整、牢固，其偏差小于等于 1/1000 mm，各码板相对感应器误差小于 4 mm，插入深度要基本一致。

（3）感应装置/传感器开关应安装在层楼码板中心，且与运行的磁铁距离恰当，工作可靠。

（4）轿厢称量系统操作正常（空载、满载、超载显示正确）。

（5）轿顶卡板安装正确，上/下运动无卡阻，运行时无异声。

（6）导靴间隙：滑动导靴滑块面与导轨面无间隙，两边弹性伸缩之和为 2～3 mm。

（7）固定导靴与导轨顶面间隙不大于 1 mm。

（8）导靴支架等紧固件上需有止滑螺母，油杯盖、油砖齐全。

（9）轿顶电气线路走向正确整洁，接线盒内各连接可靠。

（10）安全窗开关，各安全开关及轿、层门联锁开关应起作用。

（11）轿顶检修、急停、门机操作须正常。

（12）轿顶轮的垂直度偏差小于等于 1 mm，平行度偏差小于等于 1 mm。

（13）1∶1 绕法轿顶绳头处应有锁紧螺母及螺栓，在锥套处应安装防止旋转的钢丝绳组件。

（14）如果导靴是采用滚轮的，需要进行轿厢平衡的调整并使各滚轮导靴压力均匀，应在任何位置都能用手盘动。

（15）撞弓的垂直度偏差应小于等于 1/1000。

（16）运行检查上，下限位开关越程距离 50~80 mm，上、下极限开关越程距离 150~200 mm。

（17）轿顶照明及插座应按国家标准安装。采用（2P+PE）或 36 V 安全电压与主电源分开。

（18）井道壁离轿顶外侧水平方向自由距离超过 0.3 m 时，轿顶应当装设护栏。护栏由扶手、0.1 m 高的护脚板和位于护栏高度一半处的中间栏杆组成。

（19）当自由距离不大于 0.85 m 时，扶栏的扶手高度不小于 0.7 m，当自由距离大于 0.85 m 时，扶栏的扶手高度不小于 1.1 m。护栏上有关于俯伏或斜靠护栏危险的警示符号标识或须知。

（20）轿顶可以站人的最高面积的水平面与位于轿厢投影部分井道顶最低部件的水平之间的自由垂直距离不小于 $1+0.035v^2$（m）。

（21）井道顶的最低部件与轿顶设备的最高部件在垂直投影面的间距不小于 $0.3+0.035v^2$（m），与导靴或滚轮、曳。引绳附件、层门横梁或部件最高部分之间间距不小于 0.1+0.035v^2(m)。

（22）轿顶上方应有一个不小于 0.5 m×0.6 m×0.8 m 的空间。

7. 层门、轿门装置

（1）层门地坎的横向及纵向水平度误差小于等于 1/1000。

（2）层门地坎应高出厅外平面 2~5 mm。

（3）同一楼面的同一墙面有数台电梯的门套或地坎应在同一水平面，前后偏差小于等于 5 mm。

（4）前后开关门的层门地坎高度偏差小于等于 3 mm。

（5）轿厢地坎的水平度误差小于等于 1.5/1000。

（6）层门门套、柱垂直度误差小于等于 1/1000。

（7）轿门柱的垂直度误差小于等于 1/1000。

（8）中分门层门中心与轿门中心的偏差小于 2 mm。

（9）双折式层门装饰板与轿壁板应平齐，偏差小于 2 mm。

（10）轿门门刀的垂直度偏差小于等于 1 mm。

（11）轿门门刀与层门地坎间隙为 5~10 mm。

（12）轿门地坎与厅门门锁滚轮的间隙为 5~10 mm。

（13）轿门、厅门下端面与地坎的间隙客梯为 2~6 mm；货梯为 2~8 mm。

（14）轿门、厅门偏心轮与导轨下端面的间隙小于 0.5 mm。

（15）轿门刀片与厅门门锁滚轮啮合深度大于 8 mm。

（16）门锁与门钩啮合需大于 7 mm，其啮合间隙应符合产品要求，副门锁插入的剩余行程小于 1 mm。

（17）各门扇与门套的间隙为 3~5 mm，门扇与门扇、门扇与门套之间的间隙偏差小于 1.5 mm。

（18）中分门门扇之间正面平面度与平行度上下各点需小于 2 mm。

（19）中分门/双折门在关闭时，门中缝/边的尺寸在整个高度应小于 1.5 mm（不允许缝在上方）。

（20）层门上坎、立柱、地坎托架应安装在平行的墙面上，且与墙面固定螺栓长度外露部分小于等于 15 mm。

（21）开关门应流畅，减速均匀，无明显的撞击声及噪声。

（22）轿门光幕动作正常，光幕动作时轿门反弹自如无强烈振动。门光幕应缩进轿门外边缘大于 10 mm。

（23）轿门关门力矩开关动作正常，关门力矩夹力适当并能自动复位。

（24）轿门光幕线、关门力矩线走线必须合理，弯板端头应有所弯曲且不易使电线折伤，走线转弯处应留有 100 mm。

8. 对重装置

（1）拼装的对重架安装应横平竖直，其对角线误差小于 4 mm。

（2）对重铁应按要求安放，钢块应安装在底部，铸铁薄片应安放在顶部，卡板应牢靠；运行无异声。

（3）1∶1 绕法对重绳头弹簧应涂黄油/漆以防生锈，绳头端有锁紧螺母及螺栓。

（4）1∶1 绕法曳引钢丝绳头杆处应安装防止旋转的钢丝绳组件。

（5）2∶1 绕法对重轮垂直度小于等于 2 mm。

（6）补偿链（绳）应安装正确且有断链（绳）保护装置。

（7）导靴支架上紧固件需有锁紧螺母，导靴与导轨间隙为 1~3 mm。

（8）润滑装置、油杯、盖、油砖（芯）等齐全。

（9）对重下端应装全工厂配置的缓冲蹲。

（10）对重厢对轿厢的平衡系数：有齿梯为 45%，无齿梯为 48%。

9. 井道

（1）井道照明应按国家标准安装。照明亮度要求大于等于 50 Lx，开关功能应能在机房及底坑同时操作。

（2）随行电缆及支架安装应符合安装图示要求。电缆在井道上/中部固定规范/可靠，并和其他部件有足够间距。

（3）随行电缆悬挂需消除扭力（内应力）不应有波浪、扭曲等现象，有数根电缆应保证其相互活动间隙 50~100 mm。

（4）井道内的对重装置，轿厢地坎及门滑道的部件与井道安全距离大于 20 mm。

（5）轿厢与对重间的相对最小距离大于 50 mm。

（6）曳引绳、补偿链（绳）及其他运动部件在运行中严禁与任何部件碰撞或擦磨。

（7）各厅门护脚板安装牢固可靠支撑坚固，不得超出层门地坎外边缘。

（8）轿门处井道壁与轿厢地坎间隙水平距离大于 150 mm 且井道端设备上、下间距离大于 1200 mm。轿门不设有断电锁紧急装置，需加装与轿门等宽的隔离安全网/板。

（9）当对重完全压缩缓冲器时，轿顶应有一个不小于 0.5 m×0.6 m× 0.8 m 的空间。

10. 底坑

（1）底坑地坪应平整且无漏水、渗水。

（2）轿厢、对重缓冲器垂直度偏差小于等于 0.5/100，安装需牢固，同时压缩的两缓冲器其高度之差小于 2 mm。

（3）轿厢、对重缓冲器与撞板中心偏差小于等于 20 mm。

（4）轿厢、对重缓冲距为：蓄能型为 200～350 mm；耗能型为 150～400 mm；聚氨酯为 200～350 mm。

（5）轿底补偿链安装正确，有断链（绳）保护装置。底端距地面距离大于 100 mm。

（6）轿底电缆曲率半径大于等于 200 mm，小于等于 350 mm（高速梯应按产品设计要求安装）。

（7）当轿厢完全压缩缓冲器时，随行电缆距底坑距离大于 100 mm。

（8）对重防护栅栏应不低于 2500 mm，且下端口在允许情况下距地坪应不大于 300 mm。

（9）通井道需隔离，其高度大于 2.5 m，且需符合高出其进入口地坪 1.5 m；若底坑有高低差，则应从高点处起。

（10）底坑深度大于 1.4 m 时需安装爬梯，爬梯踏板上部应高出厅门地坎，下部不高于地坪 300 mm，扶手应高出厅门地坎。

（11）1.5 m 以上且漆成黄色。通井道需设隔离，其高度大于 2.5 m。液压缓冲器内油及油位适当；压缩后其恢复时间小于 120 s。

（12）底坑下有隔层/若无安全钳系统其缓冲器底部需有立柱支撑（延伸至地基）。

（13）在底坑入口处下 200~300 mm 处应装有按国家标准要求；采用（2P+E）或 36 V 安全电压的照明及插座并与主电源分开，并设有停止开关能切断电梯主电源。

（14）补偿链/绳导向装置需安装正确有效。

（15）当轿厢完全压缩缓冲器时，轿厢最低部分与底坑间的净空距离不小于 0.5 m，且底部应有一个不小于 0.5 m×0.6 m×1 m 的空间。

11. 轿厢

（1）轿厢底盘水平度小于等于 2/1000（4 个边）。

（2）轿厢立柱垂直度小于等于 1.5/1000。当拆除一个下导靴轿厢偏移时，在轿厢内用 70 kg 活动负载能使偏移复位。

（3）轿厢壁垂直度小于等于 1/1000。

（4）轿厢护脚板应安装牢固长度大于等于 750 mm，垂直度偏差小于等于 2/1000。

（5）轿厢在正常运行及检修启动、停止时各拼装部分无异声。

（6）轿内照明装置、通风装置正常。

（7）轿内应急照明灯应有效，警铃及对讲装置完好。

（8）轿内呼唤、开关门按钮、显示器等应功能正常。

（9）超载、满载、空载装置功能完好。

（10）断电平层装置工作正常。

（11）轿厢操作面板需安装平整，与轿壁之间正面平面度与平行度小于 2 mm，操作面板开关顺畅，闭锁及铰链装置完好。

（12）轿厢各层楼平层精度应小于等于 4 mm。

（13）层门显示器应安装在层门中心，每层面高度一致，水平误差小于 2 mm。

（14）各楼层召唤盒高度应满足设计要求，应左右一致，垂直误差小于 2 mm。

（15）各楼层显示器、呼唤盒需安装牢固且功能正常。

（16）消防操作系统工作正常；消防开关应当设在基站或者撤离层，防护玻璃应当完好，并且标有"消防"字样。

（17）轿厢分别空载、满载，以正常运行速度上、下运行，呼梯、楼层显示等信号系统功能有效、指示正确、动作无误，轿厢平层良好，无异常现象发生。

二、电梯监督检验

（一）电梯监督检验所需的资料

电梯监督检验由特种设备检验检测机构实施，并出具检验报告中的检验结论，对被检验的电梯质量做出判定。电梯监督检验应提供如下资料。

1. 电梯制造资料

（1）电梯制造许可证。其范围能够覆盖所提供电梯的相关参数。

（2）电梯整机形式试验合格证或报告书。其内容能覆盖所提供的电梯相应参数。

（3）产品合格证。其包括制造许可证编号、出厂编号、电梯技术参数、门锁、限速器、安全钳、缓冲器、轿厢上行超速保护、驱动主机、控制柜等安全保护装置的型号和编号，并有制造单位检验合格章及出厂日期。

（4）安全保护装置和主要部件的型式试验合格证，具体如下：

①门锁装置型式试验合格证；②限速器型式试验合格证；③安全钳型式试验合格证；④缓冲器型式试验合格证；⑤含有电子元件的安全电路（如果有）型式试验合格证；⑥轿厢上行超速保护装置型式试验合格证（若有）；⑦驱动主机型式试验合格证；⑧控制柜型式试验合格证等；⑨限速器调试证书；⑩渐进式安全钳的调试证书。

（5）电梯机房及井道布置图。

（6）电气原理图。

（7）安装使用维护说明书。其包括安装、使用、日常维护保养、紧急救援等内容。

2. 电梯安装资料

（1）电梯安装许可证（可覆盖所施工相应参数）安装告知书。

（2）电梯施工方案（已审批）。

（3）施工现场作业人员持有特种设备作业上岗证。

（4）电梯安装过程记录表和自检报告。其包括承重梁、导轨支架等隐蔽工程的见证材料。

（5）设计变更证明文件。

（6）安装质量证明文件。

（7）安装竣工质量证明文件应盖安装单位公章或检验合格章。

3. 改造、重大维修资料

（1）电梯改造、重大维修许可证及告知书。

（2）电梯施工方案（已审批）。

（3）更换的安全装置和主要部件的形式试验合格证。

（4）电梯改造过程记录表和自检报告。其包括承重梁、导轨支架等隐蔽工程的见证材料。

（5）电梯改造、重大维修质量证明文件。

（二）电梯监督检验的要求

电梯的监督检验是指由国家市场监督管理总局核准的特种设备检验检测机构，根据相关检验规则规定，对电梯安装、改造、重大维修过程进行的监督检验。监督检验是对电梯生产和使用单位执行相关法规标准规定、落实安全责任。

1. 对检验机构、检验人员和现场条件的相关要求

（1）对检验机构的要求。检验机构应当根据相关规则规定，制定包括检验程序和检验流程图在内的电梯检验作业指导文件，并且按照相关法规、规则和检验作业指导文件的规定，对电梯检验质量实施严格控制，对检验结果及检验结论的正确性负责，对检验工作质量负责。

检验机构应当统一制定电梯检验原始记录格式及其要求，在本单位正式发布使用。检验机构应当配备能够满足检验要求和方法的检验检测仪器设备、计量器具和工具。

（2）对检验人员的要求。检验人员必须按照国家有关特种设备检验

人员资格考核的规定，取得国家市场监督管理总局颁发的相应资格证书后，方可以从事批准项目的电梯检验工作。现场检验至少由 2 名具有电梯检验员或者以上资格的人员进行，检验人员应当向申请检验的电梯施工或者使用单位出示检验资格标识。现场检验时，检验人员不得进行电梯的修理、调整等工作。现场检验时，检验人员应当配备和穿戴必需的防护用品，并且遵守施工现场或者使用单位明示的安全管理规定。

（3）对检验现场条件的要求。对电梯整机进行检验时，检验现场应当具备以下检验条件：①机房或者机器设备间的空气温度保持在 5 ~ 40℃；②电源输入电压波动在额定电压值±7%的范围内；③环境空气中没有腐蚀性和易燃性气体及导电尘埃；④检验现场（主要指机房或者机器设备间、井道、轿顶、底坑）清洁，没有与电梯工作无关的物品和设备，基站、相关层站等检验现场放置表明正在进行检验的警示牌；⑤对井道进行了必要的封闭。

特殊情况下，电梯设计文件对温度、湿度、电压、环境空气条件等进行了专门规定的，检验现场的温度、湿度、电压、环境空气条件等应当符合电梯设计文件的规定。对于不具备现场检验条件的电梯，或者继续检验可能造成危险，检验人员可以中止检验，但必须向受检单位书面说明原因。

三、电梯定期检验

定期检验（年度检验）是指检验机构根据相关检验规则规定，对在用电梯定期进行的检验。电梯定期检验由特种设备检验检测机构实施，并出具检验报告中的检验结论，对被检验的电梯质量做出判定。电梯监督检验应提供以下资料。

（1）电梯安装、维修、改造、使用过程中所必须保留的安全技术档案。

（2）监督检验报告和定期检验报告。

（3）日常检查与使用状况记录、日常维护保养记录、年度自行检查记录或者报告。

（4）应急救援演习记录、运行故障和事故记录。

（5）以岗位责任制为核心的电梯运行管理规章制度。其包括事故与故障的应急措施和救援预案、电梯钥匙使用管理制度。

（6）与取得相应资格单位签订的日常维护保养合同。

（7）电梯司机（对于医院提供患者使用的电梯、直接用于旅游观光的速度大于 2.5 m/s 的乘客电梯，以及需采用司机操作的电梯）和安全管理人员的特种设备作业人员证。

电梯监督检验与定期检验所规定的具体检验项目及类别、检验内容与要求、检验方法以检验报告书中所填写的内容与要求可参阅特种设备安全技术规范《电梯监督检验和定期检验规则——曳引与强制驱动电梯》（TSGT 7001—2009）中的相关内容。

使用单位应当在电梯定期检验有效期届满 1 个月前，向特种设备检验机构提出定期检验申请，并且做好定期检验相关的准备工作；下次检验日期以安装改造、重大维修监督检验的检验合格日期为基准计算。

定期检验是指检验机构根据相关安全技术规范规定，对在用电梯定期进行的检验。监督检验和定期检验（以下统称检验）是对电梯生产和使用单位执行相关法规标准规定、落实安全责任，开展为保证和自主确认电梯安全的相关工作质量情况的查证性检验。电梯生产单位的自检记录或者报告中的结论，是对设备安全状况的综合判定；检验机构出具检验报告中的检验结论，是对电梯生产和使用单位落实相关责任、自主确定设备安全等工作质量的判定。

维护保养单位应当按照相关安全技术规范和标准的要求，保证日常维护保养质量，真实、准确地填写日常维护保养的相关记录或者报告，对日常维护保养质量以及提供的相关文件、资料的真实性及其与实物的一致性负责。

维护保养单位和使用单位应当向检验机构提供符合要求的有关文件、资料，安排相关的专业人员配合检验机构实施检验。其中，日常维护保养年度自行检查记录或者报告还需另行提交复印件备存。检验机构应当在维护保养单位自检合格的基础上实施定期检验。

检验机构对于在用电梯，按照规定的检验内容、要求和方法，对相关项目每年进行 1 次定期检验；对于在 1 个检验周期内特种设备安全监察机构接到故障实名举报达到 3 次以上（含 3 次）的电梯，并且经确认上述故障的存在影响电梯运行安全时，特种设备安全监察机构可以要求提前进行维护保养单位的年度自行检查和定期检验；对于由于发生自然灾害或者设备事故而使其安全技术性能受到影响的电梯以及停止使用 1 年以上的电梯，再次使用前，应当按照规定进行检验。

电梯检验项目分为 A、B、C 3 个类别。各类别检验程序如下：

（一）A 类项目

检验机构按照相应规定，对提供的文件、资料进行审查，对该类项目进行检验，并与自检记录或者报告对应项目的检验结果（以下简称自检结果）进行对比，按照相关规定对项目的检验结论做出判定；不经检验机构审查、检验，或者审查、检验结论为不合格，施工单位不得进行下道工序的施工。

（二）B 类项目

检验机构按照相应规定，对提供的文件、资料进行审查，对该类项目进行检验，并与自检结果进行对比，按照相关规定对项目的检验结论做出判定。

（三）C 类项目

检验机构按照相应规定，对提供的文件、资料进行审查，认为自检记录或者报告等文件和资料完整、有效，对自检结果无质疑（以下简称资料审查无质疑），可确认为合格；如果文件和资料欠缺、无效或者对自检结果有质疑（以下简称资料审查有质疑），应当按照规定的检验方法，对该类项目进行检验，并与自检结果进行对比，按照相关规定对项目的检验结论做出判定。

对电梯整机进行检验时，检验现场应当具备以下检验条件。

（1）机房或者机器设备间的空气温度保持在 $5\sim40^\circ C$。

（2）电源输入电压波动在额定电压值$\pm7\%$的范围内。

（3）环境空气中没有腐蚀性和易燃性气体及导电尘埃。

（4）检验现场（主要指机房或者机器设备间、井道、轿顶、底坑）清洁，没有与电梯工作无关的物品和设备，基站、相关层站等检验现场放置表明正在进行检验的警示牌。

（5）对井道进行了必要的封闭。

特殊情况下，电梯设计文件对温度、湿度、电压、环境空气条件等进行了专门规定的，检验现场的温度、湿度、电压、环境空气条件等应当符合电梯设计文件的规定。

对于不具备现场检验条件的电梯，或者继续检验可能造成危险，检验人员可以中止检验，但必须向受检单位书面说明原因。

检验过程中，如果发现下列情况，检验机构应当在现场检验结束时，向受检单位或维护保养单位出具《特种设备检验意见通知书》（以下简称《通知书》），提出整改要求：①施工或者维护保养单位的施工过程记录或者日常维护保养记录不完整；②电梯存在不合格项目；③要求测试数据项目的检验结果与自检结果存在多处较大偏差，质疑相应单位自检能力时；④使用单位存在不符合电梯相关法规、规章、安全技术规范的问题。

定期检验时，对于存在不合格项目按照规定直接判定为不合格的电梯，《通知书》中应当要求使用单位在整改完成前及时采取安全措施，对该电梯进行监护使用。受检单位或者维修保养单位应当按照《通知书》的要求及时整改，并且在规定的时限内向检验机构提交填写了处理结果的《通知书》以及整改报告等见证资料。检验人员应当对整改情况进行确认，可以根据情况采取现场验证或者查看填写了处理结果的《通知书》以及整改报告等见证资料的方式，确认其是否符合要求。对于定期检验的电梯，如果使用单位拟实施改造或重大维修进行整改，或者拟做停用、报废处理，则应当在《通知书》上签署相应的意见，并且在规定的时限内反馈给检验机构，同时按照相关规定，办理对应的相关手续。

各类检验项目的合格判定条件如下：①A、B 类检验项目，审查、检验结果符合检验要求；②C 类检验项目，资料审查无质疑并符合检验要求，或者审查、检验结果符合检验要求。

定期检验的合格判定条件如下：检验项目全部合格；B 类检验项目全部合格，C 类检验项目应整改项目不超过 5 项（含 5 项），相关单位已在《通知书》规定的时限内向检验机构提交填写了处理结果的《通知书》以及整改报告等见证资料，使用单位对上述应整改项目采取了相应的安全措施，在《通知书》上签署了监护使用的意见，并且经检验人员确认相关单位已经针对相关问题进行了有效整改。

经检验，凡不符合以上规定的合格判定条件的电梯，应当判定为"不合格"检验机构应当按照相关规定的时限等要求出具检验报告。

四、电梯的日常检验

电梯运营使用单位应当将电梯的安全使用说明、安全注意事项和警示标志置于易于被乘客注意的显著位置。

为保证电梯的安全运行，使用单位应当根据所使用的特种设备品种和特性，按照相应的安全技术规范规定的时间、频次和内容进行定期自行检查。电梯定期自行检查一般分为日检、周检、月检和年检等。检查记录应当有检查人员的签字，定期自行检查报告应当存入特种设备安全技术档案。检查内容详见《电梯使用管理与维护保养规则》（TSGT 5001—2009）。

第四章　电梯安全事故与检测中的常见故障分析

对电梯的设计、制造和安装等过程进行严格控制，加强检测检验，是为了消除和降低电梯可能存在剪切、挤压、坠落、撞击、被困、火灾、电击以及由于机械损伤、磨损或锈蚀引发的材料失效等潜在危险，以确保电梯的运行安全。

第一节　常见的电梯安全事故类型

电梯事故有人身伤害事故、设备损坏事故、复合性事故、门系统事故、冲顶或蹲底事故、其他事故。

一、人身伤害事故

电梯人身伤害事故主要表现形式有以下几种：

（一）坠落

比如因层门未关闭或从外面能将层门打开，轿厢又不在该楼层，造成受害人失足从层门处坠入井道。

（二）剪切

比如当乘客陷入或踏出轿门的瞬间，轿厢突然起动，使受害人在轿门与层门之间的上、下门槛处被剪切。

（三）挤压

常见的挤压事故，一是受害人被挤压在轿厢围板与井道壁之间；二是受害人被挤压在底坑的缓冲器上，或者人的肢体部分（比如手）被挤压在转动的轮槽中。

（四）撞击

常发生在轿厢冲顶或蹲底时，使受害人的身体撞击到建筑物或电梯部件上。

（五）触电

受害人的身体接触到控制柜的带电部分或施工操作中，人体触及设备的带电部分及漏电设备的金属外壳。

（六）烧伤

一般发生在火灾事故中，受害人被火烧伤。在使用电焊和气焊的操作时，也会发生烧伤事故。

二、设备损坏事故

电梯设备损坏事故多种多样，主要有以下几种：

（一）机械磨损

常见的有曳引钢丝绳将曳引轮绳槽磨大或钢丝绳断丝；有齿曳引机蜗轮蜗杆磨损过大等。

（二）绝缘损坏

电气线路或设备的绝缘损坏或短路，烧坏电路控制板；电动机过负荷其绕组被烧毁。

（三）火灾

使用明火时操作不慎引燃易燃物品或电气线路绝缘损坏，造成短路、接地打火引起火灾发生，烧毁电梯设备，甚至造成人身伤害。

（四）湿水

常发生在井道或底坑进水，造成电气设备浸水或受潮甚至损坏，机械设备锈蚀。

三、复合性事故

复合性事故是指事故中既有对人身的伤害，又有设备的损坏。比如发生火灾时，既造成了人的烧伤，也损坏了电梯设备。又如制动器失灵，造成轿厢坠落损坏，轿厢内乘客受到伤害等。

当前，我国在用电梯中，20 世纪七八年代的产品比重很大，安全性能方面有很多方面需要改进，给操作者的不安全行为提供了较多的机会，所以，电梯事故有以下特点。

（1）电梯事故中人身伤害事故较多，伤亡者中电梯操作人员和维修工所占比例大。

（2）电梯门系统的事故发生率较高，因为电梯的每一个运行过程都要经过开门动作 2 次、关门动作 2 次，使门锁工作频繁，老化速度快，久而久之，造成门锁机械或电气保护装置动作不可靠。

四、门系统事故

门系统事故占电梯事故的比例最大，发生也最为频繁。门系统事故之所以发生率最高，是由电梯系统的结构特点造成的。因为电梯的每一个运行过程都要经过开门动做过程 2 次、关门动做过程 2 次，使门系统工作频繁，老化速度快，久而久之，造成门系统机械或电气保护装置动作不可靠。若维修更换不及时，电梯带"病"运行，则很容易发生事故。

五、冲顶或蹲底事故

冲顶或蹲底事故一般是电梯的制动器发生故障所致。制动器是电梯十分重要的部件，如果制动器失效或带有隐患，那么电梯将处于失控状态，无安全保障，后果将不堪设想。要有效地防范冲顶事故的发生，除加强标准的完善外，必须加强制动器的检查、保养和维修。

六、其他事故

这类事故主要是个别装置失效或不可靠所造成的。

第二节　电梯事故的预防

电梯事故有其发生的偶然性，也有其必然性。电梯事故有其发生、发展的规律，掌握其规律，事故是可以预防的。比如坠落事故发生原因都基本相同，都是在层门可以开启或已经开启的状态下，轿厢又不在该层时误入井道而造成的。如能吸取教训，改进设备使其保持安全状态，只有轿厢停在该层时该层层门方能被打开，可杜绝此类事故的发生。以下是 10 项预防措施。

（1）候（乘）梯时不要踢、撬、扒、倚层（厅）门。乘客在候（乘）梯时踢、撬、扒、倚层（厅）门，有可能发生乘客坠入井道或被轿厢剪切等危险，造成人身伤害事故。

（2）使用单位不得将带故障或未检验合格的电梯投入使用。使用单位在电梯未消除故障或未检验合格的情况下继续将电梯投入使用，极有可能发生人员伤亡事故。

（3）不要在未看清电梯轿厢的情况下盲目进入。乘客在未看清电梯轿厢是否停靠在本层的情况下盲目进入，将导致人员坠落井道事故的发生。

（4）使用单位不得将电梯三角钥匙交给非专业人员使用。非专业人员随意使用电梯三角钥匙打开厅门，有可能使人在电梯轿厢不在本层的情况下跨入井道，造成人员坠落事故。

（5）电梯超载报警时不要挤入轿厢或搬入物品。乘客在电梯超载报警后仍然挤入轿厢或搬运物品，将造成电梯不会关门，影响运行效率，情况严重时将导致曳引绳打滑，轿厢下滑，甚至造成人员剪切等事故的发生。

（6）被困电梯时不要惊慌，应立即呼救、耐心等待，平层出门。当乘客在电梯轿厢内受困时，应通过报警装置或召修电话求救，并在轿厢内耐心等待专业人员进行救援，如贸然通过撬、扒、踢门的方式自行脱困，有可能发生事故。

（7）不要乘坐明示禁止载人的电梯（或升降机）。乘坐明示禁止载人的电梯（或升降机），因该类设备本身不具备乘人的基本安全条件，极易造成人员挤压、剪切等伤亡事故的发生。

（8）不要在电梯内嬉戏玩耍、打闹、跳跃。乘客在运行过程中的电梯轿厢内嬉戏玩耍、打闹、跳动，特别容易导致电梯安全装置误动作，发生"困人"以及伤亡事故。

（9）不要在电梯运行中或关门过程中进出轿厢。电梯在运行中或关门过程中，乘客如从电梯轿厢中跑（走）出，易发生剪切事故。

（10）不要让孩童单独乘梯。儿童在无成年人监护的情况下单独乘坐电梯，因无法正确操作电梯按钮会导致其被关在电梯轿厢内，特别是在电梯出现故障的情况下无法同外界取得联系，得不到及时营救，容易发生意外事故。

第三节　电梯检测中的常见故障分析

电梯主要是由机械、拖动系统、电气控制部分组成。拖动系统也可以属于电气系统，因而电梯的故障可以分为机械故障和电气故障。遇到故障时首先应确定故障属于哪个系统，是机械系统还是电气系统，然后再确定故障属于哪个系统的哪一部分，接着判断故障出自哪个元器件或哪个动作部件的触点上。

判断故障出自哪个系统普遍采用的方法如下：首先置电梯于"检修"工作状态，在轿厢平层位置（在机房、轿厢顶或轿厢操作）点动电梯慢上或慢下来确定故障是出在主拖动系统、机械系统还是电气控制系统。为确保安全，要确认所有厅门必须全部关好并在检修运行中不得再打开。因为电梯在检修状态下上行或下行，电气控制电路是最简单的点动电路，按钮按下多长时间，电梯运行多长时间，不按按钮电梯不会动作，需要运行多少距离可随意控制，速度又很慢，轿厢运行速度小于0.63 m/s，所以较安全，便于检修人员操作和查找故障所属部位。这是专为检修人员设置的电梯功能，检修运行时电动回路没有其他中间控制环节，它直接控制电梯拖动系统。在电梯检修运行过程中，检修人员可细微观察有无异常声音、异常气味，某些指示信号是否正常等。电梯只要点动运行正常，就可以确认主要机械系统没问题，电气系统中的主拖动电路没有问题，故障就出自电气系统的控制电路中；反之，不能点动电梯运行，故障就出自电梯的机械系统或主拖动电路。

一、主拖动系统故障

在点动运行中，如果确认主拖动电路有故障，即主电路有故障，就可以从构成主电路的各个环节去分析故障所在部位。

任何一个电动机的交直流供电电路，包括各种功能的控制电路，都必须构成交流或直流电流流动的闭合回路，电流在回路中任何一个部位被阻断或分流，都可能造成故障，电流被阻断的部位就是故障所在部位。当然，还应首先确认供电电源本身正常，否则无电流或电流大小不合适，这是造成出现故障的部位之一。

构成任何电梯主电路的基本环节大致相同，从供电三相电源出发，经断路器、上行或下行交流接触器、调速器、运行接触器、热继电器，最后到电动机三相绕组，构成三相交流电流回路。对不同类型电梯，调速方法不同，调速器的形式也不同，但不外乎都是变频调速、交流调压调速、直流调压调速或软起动器。当然，调速方法不同，配套的电动机也不相同。主电路故障是电梯常见故障和重要故障。

因为主拖动系统是间断不连续的经常动作，因而电梯运行几年后，接触器触点常有氧化、弹片疲劳、接触不良、触点脱落等损坏，逆变模块及晶闸管会热击穿或烧断，还会产生电动机轴承磨坏等故障。这些都是快速找故障的思路。因为任何机械动作部件都是有一定寿命的，如继电器、接触器、微动开关，行程开关，按钮等元件，还有经常运行的部件，都会因老化产生故障，如轿厢的随行电缆，经常有弯曲动作，就存在有断线故障的可能。还有，电路中往往会发现电气元器件入线和出线的压接螺钉松动或焊点虚焊造成电气回路断路或接触不良造成的故障。有断路故障时必须马上进行检查修理，否则接触不良，久而久之会使引入或引出线拉弧烧坏触点和电器元件。

当电路发生短路故障时，轻则会烧毁熔断器，重则会烧毁电气元器件，甚至会引起火灾，必须引起重视，及时排除。常见的短路故障有，接触器或继电器的机械和电器联锁失效产生接触器或继电器抢动造成短路，接触器的主触点接通或断开时产生的电弧使周围的介质击穿会产生短路，电气元器件绝缘材料老化、失效、受潮也会造成短路等。

二、机械系统故障

电梯机械系统的故障在电梯全部故障中所占的比重比较少，但是一旦发生故障，可能会造成长时间的停机待修或电气故障，甚至会造成严重设备和人身事故。进一步减少电梯机械系统故障是维修人员努力争取的目标。

（一）连接件松脱引起的故障

电梯在长期不间断运行过程中，由于振动等原因，紧固件松动或松脱，使机械零部件发生位移、脱落或失去原有精度，加之没有及时修复，从而造成磨损，碰坏电梯机件而造成故障。

（二）自然磨损引起的故障

机械部件在运转过程中，必然会产生磨损，磨损到一定程度必须更换新的部件，所以电梯在运行一定时期后必须进行大检修，提前更换一些易损件，不能等出了故障再更新，那样就会造成事故或不必要的经济损失。平时日常维修中只有及时地调整、保养，电梯才能正常运行。如果不能及时发现滑动、滚动运转部件的磨损情况并加以调整，就会加速机械的磨损，从而造成机械磨损报废，造成事故或故障。例如，钢丝绳磨损到一定程度必须及时更换，否则会造成大的事故；各种运转轴承等都是易磨损件，必须定期更换。

（三）润滑系统引起的故障

润滑系统的作用是减少摩擦力、减少磨损，延长机械寿命，还起着冷却、防锈、减振、缓冲等作用。润滑不良或润滑系统的故障，会使部件传动部位过热、烧伤和抱轴，造成滚动或滑动部位的零部件损坏而被迫停机修理。

（四）机械疲劳造成的故障

某些机械部件经常不断地长时间受到弯曲、剪切等应力，会产生机械疲劳现象，使机械强度、塑性减小。还有些零部件受力超过强度极限，会产生断裂，造成机械事故或故障。例如，钢丝绳长时间受到拉应力又受到弯曲应力，还有磨损产生。更严重时，受力不均，某股绳可能受力过大首先断绳，增加了其余股绳的受力，造成联锁反应，最后全部断绳，可能发生重大事故。从上面分析可知，只要日常做好维护保养工作，定期润滑有关部件及检查有关紧固件情况，调整机件的工作间隙，就可以大大减少机械系统的故障。

（五）电梯平衡系数与标准相差造成的故障

主要表现为电梯平衡系数与标准相差太远造成过载电梯轿厢蹲底或冲顶故障。冲顶时限速器和安全钳动作而迫使电梯停止运行，等待修理。

三、电气控制系统故障

（一）自动开关门机构及门联锁电路的故障

关好厅门、轿厢门是电梯运行的首要条件，门联锁系统一旦出现故障电梯就不能运行。这类故障多是由包括自动门锁在内的各种电气元器件触点不良或调整不当造成的。

（二）电气元器件绝缘引起的故障

电子电气元器件绝缘在长期运行后总会由老化、失效、受潮或者其他原因引起绝缘击穿，造成电气系统的断路或短路，进而引起电梯故障。

（三）继电器、接触器、开关等元件的触点引起的故障

由继电器、接触器构成的控制电路中，其故障多发生在继电器的触

点上，如果触点通过大电流或被电弧烧蚀，触点被黏连就会造成短路，如果触点被尘埃阻断或触点的簧片失去弹性就会造成断路触点的断路或短路，都会使电梯的控制环节电路失效，使电梯出现故障。

（四）电磁干扰引起的故障

随着计算机技术的迅猛发展，特别是成本大大降低的微机广泛应用到电梯的控制部分，采用多微机控制以及串行通信传输呼梯信号等，甚至驱动部分采用变频变压 VVVF 调速系统，已经成为电梯流行的标准设计。尤其是近几年来，变频门机已成为时尚，取代了原来用电阻调速的直流门机。

微机的广泛应用对其构成的电梯控制系统的可靠性要求越来越高，主要是对抗干扰的可靠性要求越来越高。电梯运行中遇到的各种干扰的主要外部因素有温度、湿度、灰尘、振动、冲击、电源电压、电流、频率的波动，以及逆变器自身产生的高频干扰、司梯人员的失误及负载的变化等，在这些干扰的作用于，电梯会产生错误和故障。电梯的电磁干扰主要有以下三种形式：

1. 电源噪声

它主要是从电源和电源进线，包括地线侵入系统，特别是当系统与其他经常变动的大负载共用电源时，会产生电源噪声干扰。当电源引线较长时，传输过程发生的压降感应电动势也会产生噪声干扰，影响系统的正常工作。电源噪声还会造成微机丢失一部分或大部分信息，产生错误或误动作。

2. 从输入线侵入的噪声

当输入线与自身系统或其他系统存在公共地线时，就会侵入此噪声。有时即使采用隔离措施仍然会受到与输入线相耦合的电磁感应的影响，这时如果输入信号很微小，极易使系统产生差错和误动作。

3. 静电噪声

它是由摩擦所引起的。摩擦产生的静电是很微小的，但是电压可高达数万伏。IEEE 可靠性物理讨论会提供的材料表明，在毛毯上行走的人带电最高可达 39 kV，在工作台旁工作的人带电也可达 3 kV，因此，只要带有高电位的人接触计算机电路板，人体上的电荷就会向系统放电，急剧的放电电流造成噪声不仅会影响系统工作，还会造成电子元器件的损坏。

针对以上的干扰状况，必须采用防干扰措施。防干扰措施自身也应该正确可靠，否则也会产生电梯的故障。

（五）电气电子元器件损坏或位置调整不当引起的故障

电梯的电气系统，特别是控制电路结构复杂，一旦发生事故，要迅速排除故障单凭经验还是不够的，这就要求维护人员必须掌握电气控制电路的工作原理及控制环节的工做过程，明确各个电子元器件之间的相互关系及其作用，了解各电气元器件的安装位置。只有这样，才能准确地判断故障的发生点并迅速予以排除。在这个基础上，若把别人和自己的实际工作经验加以总结和应用，对迅速排除故障、减少损失是有益的。

四、电气故障诊断

当电梯控制电路发生故障时，首先要问、看、听、闻，做到心中有数。所谓问，就是询问操作者或报告故障的人员故障发生时的现象情况，查询在故障发生前有否做过任何调整或更换元器件工作；所谓看，就是观察每一个元器件是否正常工作，看控制电路的各种信号指示是否正确，看电气元器件外观颜色是否改变等；所谓听，就是听电路工作时是否有异声；所谓闻，闻电路元器件是否有异常气味。完成上述工作后，可采用于列方法进行电气控制电路故障诊断。

（一）程序检查法

电梯是按一定程序运行的，每次运行都要经过选层、定向、关门、起动、运行、换速、平层、开门的循环过程。其中，每一步称作一个工作环节，实现每一个工作环节，都有一个独立的控制电路。程序检查法就是确认故障具体出现在哪个控制环节上，这样排除故障的方向就明确了，有了针对性，排除故障也就会目标明确。这种方法不仅适用于有触点的电气控制系统，也适用于无触点控制系统，如 PLC 控制系统或单片机控制系统。

（二）静态电阻测量法

静态电阻测量法，就是在断电情况下，用万用表电阻挡测量电路的阻值是否正常。因为电子器件大都是由 PN 结构成的，它的正反向电阻值是不同的，而且任何一个电气元器件都有一定的阻值，连接着电气元器件的线路或开关的。电阻值不是等于零就是无穷大，因而只要测量它们的电阻值大小是否符合规定要求，就可以判断其好坏。检查一个电子电路好坏、有无故障，也可用这个方法，而且比较安全。

（三）电位测量法

当上述方法无法确定故障部位时，可在通电情况下测量各个电子或电气元器件的两端电位，因为在正常工作情况下，电流闭环电路上各点电位是一定的。所谓各点电位，就是指电路中元器件上各个点对地的电位。电位是有一定大小要求的，电流是从高电位流向低电位，顺电流方向去测量电子电气元器件上的电位大小，应符合规定值。所以，用万用表去测量控制电路上有关点的电位是否符合规定值，可判断故障所在点，然后再判断是什么原因引起电流值变化的，是电源不正确，还是电路有断路，或者元器件损坏造成的。

（四）短路法

控制环节电路都是由开关或继电器、接触器触点组合而成的。当怀疑某个或某些触点有故障时，可以用导线把该触点短接，此时通电，若故障消失，则证明判断正确，说明该电气元件已坏。但是要牢记，发现故障点，做完试验后应立即拆除短接线，不允许用短接线代替开关或开关触点。短路法主要用来查找电气逻辑关系电路的断点，当然有时测量电子电路故障也可用此法。

（五）断路法

控制电路还可能出现一些特殊故障，如电梯在没有内选或外呼指示时就停层等。这说明电路中某些触点被短接了，查找这类故障的最好办法是断路法，就是把怀疑产生故障的触点断开，如果故障消失了，说明判断正确。断路法主要用于"与"逻辑关系的故障点。

（六）替代法

根据上述方法发现故障存在于某点或某块电路板，此时可把认为有问题的元器件或电路板取下，用新的或确认无故障的元器件或电路板代替。如果故障消失，则认为判断正确；反之则需要继续查找。往往维修人员对易损的元器件或重要的电子板都备有备用件，一旦有故障马上换上一块就解决了问题，之后再将故障件带回慢慢查找修复，这也是一种快速排除故障的方法。

（七）经验排故法

为了能够做到迅速排除故障，除了不断总结自己的实践经验，还要不断学习别人的实践经验。实践经验往往是对电梯的故障有一定规律的总结，有的经验甚至是用血汗换来的重要教训，所以应十分重视。这些经验往往可以使维护人员能快速地排除故障，减少事故和损失。

（八）接触不良测试

在控制柜电源进线板上，通常接有电压表，观察运行中的电压，若某相电压偏低且波动较大，则该相可能就有虚接部位；用点温计测试每个连接处的温度，即可找出接触不良的发热部位，打磨触头的接触面，拧紧螺钉就可排除故障；也可用低压大电流测试虚接部位，将总电源断开，再将进入控制柜的电源断开，将 $10 \ mm^2$ 铜芯电线临时搭接在接触面的两端，用调压器慢慢升压，当短路电流达到 50 A 时，记录输入电压值，按上述方法对每一个连接处都测一次，记录每个触点电压值，哪一处电压高，哪一处就是接触不良。

（九）随行软电缆内部折断虚接测试

当怀疑某根随行软电缆内部折断虚接时，可将这根电缆接入由调压器和电流表组成的闭合回路，通电后逐渐改变调压器输出电压至短路电流升至 8 A 时，电压保持不变，连续折合这根电缆 15 次，每次接通时间为 2~3 min，如果发现没有电流表读数，说明折断位置已被测试电源烧断，若电流值不变，证明此线没有折断。

电气系统排故基本思路如下：电气控制系统有时故障比较复杂，加上现在电梯都是微机控制，软硬件交叉在一起，因此遇到故障首先思想上不要紧张，排除故障时应坚持先易后难、先外后内、综合考虑、有所联想。电梯运行中比较多的故障是开关触点接触不良，所以判断故障时应根据故障及柜内指示灯显示的情况，先对外部线路、电源部分进行检查，即门触点、安全电路、交直流电源等，只要熟悉电路，顺藤摸瓜，很快即可解决。

有些故障不像继电器控制电路那么简单直观，例如 PLC 控制电梯的许多保护环节都是隐含在它的软硬件系统中的，其故障和原因正如结果和条件，是严格对应的。找故障时，应有秩序地对它们之间的关系进行联想和猜测，逐一排除疑点，直至排除故障。

五、电梯常见故障及排除方法

现象一：在基站将钥匙开关闭合后，电梯不开门

原因及排除方法：

（1）控制电路的熔丝断开：更换熔丝，并查找原因。

（2）钥匙开关触点接触不良或折断：如接触不良，可用无水乙醇清洗，并调整触点弹簧片；如触点折断，则应予以更换。

（3）基站钥匙开关继电器线圈损坏或继电器触点接触不良：如线圈损坏则更换；如触点接触不良则清洗修复。

（4）有关线路出了问题：在机房人为使基站开关继电器吸合，视其以下线路接触器或继电器是否动作，如仍不能起动，则应进一步检查，直至找出故障，并加以排除。

现象二：电网供电正常，电梯没有快车和慢车

原因及排除方法：

（1）主电路或控制电路的熔断器熔体烧断：检查主电路和控制电路的熔断器熔体是否熔断，是否安装，是否夹紧到位。根据情况排除故障。

（2）电压继电器损坏，其他电路中安全保护开关的触点接触不良，损坏：查明电压继电器是否损坏；检查电压继电器是否吸合，检查电压继电器线圈接线是否接通；检查电压继电器动作是否正常。根据检查的情况排除故障。

（3）经控制柜接线端子至电动机接线端子的接线未接到位：检查控制柜接线端子的接线是否到位；检查电动机接线盒接线是否到位夹紧。根据检查情况排除故障。

（4）各种保护开关动作未恢复：检查电梯的电流、过载、弱磁、电压、安全电路各种元器件触点或动作是否正常。根据检查的情况排除故障。

现象三：电梯下行正常，上行无快车

原因及排除方法：

（1）上行第一、第二限位开关接线不实，开关触点接触不良或损坏：将限位开关触点的接线接实，更换限位开关的触点，更换限位开关。

（2）上行控制接触器、继电器不吸合或损坏：将下行控制接触器、继电器线图的接线接实，更换接触器、继电器。

（3）控制电路接线松动或脱落：将控制电路松动或脱落的接线接好。

现象四：电梯轿厢到平层位量不停车

原因及排除方法：

（1）上、下方向接触器不复位：调整上，下方向接触器。

（2）上、下平层感应器损坏：更换平层感应器。

（3）控制电路出现故障：排除控制电路的故障。

（4）隔磁板或磁感应器相对位置尺寸不符合标准要求，磁感应器接线不良：将感应器调整好，调整隔磁板或磁感应器的尺寸。

（5）轿厢内选层继电器失灵：修复或更换。

现象五：电梯有慢车没快车

原因及排除方法：

（1）轿厢门、某层门的厅门电锁开关触点接触不良或损坏：调整修理厅门及轿厢门电锁触点或更换触点。

（2）上、下运行控制继电器、快速接触器损坏：更换上、下行控制继电器或接触器。

（3）控制电路有故障：检查控制电路，排除控制电路故障。

现象五：电梯启动困难或运行速度明显降低

原因及排除方法：

（1）电源电压过低或断相：检查线路，电压误差不超过额定值的±10%，紧固各触点。

（2）电动机源动轴承润滑不良：补油、清洗、更换润滑油。

（3）曳引机减速器润滑不良：补油或更换润滑油。

（4）制动器抱闸未松开：调整制动器。

（5）行车上、下接触器触点接触不良：检修或更换。

现象六：轿厢运行到所选楼层不减速

原因及排除方法：

（1）楼层换速感应器接线不良或损坏：更换感应器或将感应器接线接好。

（2）换速感应器与感应板位置尺寸不符合标准要求：调整感应器与感应板的位置尺寸，使其符合标准。

（3）控制电路存在故障：检查控制电路，排除控制电路故障。

（4）快速接触器不复位：调整快速接触器。

现象七：未选层站停车

原因及排除方法：

（1）快速保持电路接触不良：调整使快速电路中继电器与接触器触点接触良好。

（2）选层器上层间信号隔离二极管击穿：更换二极管。

现象八：轿厢运行未到换速点突然换速停车

原因及排除方法：

（1）开门刀与层门锁滚轮碰撞：调整开门刀或层门锁滚轮。

（2）开门刀与层门锁调整不当：调整开门刀或层门锁。

（3）外电网停电或倒闸换电：如停电时间过长，应通知维修人员采取营救措施。

（4）由于某种原因引起电流过大，总开关熔丝熔断，或断路器跳闸：找出原因，更换熔丝或重新合上断路器。

（5）安全钳动作：在机房断开总电闸，松开制动器，人为地将轿厢上移，使安全钳楔块脱离导轨，并使轿厢停靠在厅门口，放出乘客。然后合上总电闸开关，站在轿厢顶上，以检修速度检查各部分有无异常，并用锉刀将导轨上的制动痕修光。

现象九：轿厢平层准确度误差过大

原因及排除方法：

（1）轿厢超载：严禁超载运行。

（2）制动器未完全打开或调整不当：调整制动器，使其间隙符合标准要求。

（3）平层磁感应器与遮磁板位置尺寸变化：调整平层磁感应器与遮磁板位置尺寸。

（4）制动力矩调整不当：调整制动力矩。

（5）选层器换速触点与固定触点位置不当：调整。

现象十：电梯冲顶撞底

原因及排除方法：

（1）控制部分如选层器换速触点、选层继电器、井道换速开关、撮限开关等失灵，或选层器链条脱落等：查明原因后，酌情修复或更换元器件。

（2）快速运行继电器触点黏住，使电梯保持快速运行，直至冲顶或撞底；冲顶时，由于轿厢惯性冲力很大，当对重被缓冲器撑住时，轿厢会产生急抖动下降，可能会使安全钳动作。此时，应首先拉开总电源，用木柱支撑对重。用手动葫芦吊升轿厢，直至安全钳复位。

现象十一：电梯到达平层位置不能开门

原因及排除方法：

（1）开关门电路熔断器熔体熔断：更换熔断器的熔体。

（2）开关门限位开关触点接触不良或损坏：更换或修复限位开关。

（3）提前开门传感器插头接触不良，脱落或损坏：更换或修复传感器插头。

（4）开门继电器损坏或其控制电路故障：更换断电器、修复控制电路故障。

（5）开门机传动带脱落或断裂：调整或更换开门机传动带。

现象十二：电梯平层后自动溜车

原因及排除方法：

（1）制动器弹簧松动或制动器故障：收紧制动弹簧或修复调整制动器。

（2）曳引绳打滑：修复曳引轮绳槽或更换。

现象十三：电梯运行时轿厢内有异常的噪声和振动

原因及排除方法：

（1）滚动导靴轴承磨损严重，导靴靴衬磨损严重，使两端金属板与导轨发生摩擦：更换导靴靴衬。

（2）感应器与速磁板有碰撞现象：调整磁感应器与速磁板位置尺寸。

（3）反绳轮、导向轮轴承与轴套润滑不良：润滑反绳轮、导向轮轴承。

（4）导轨润滑不良：润滑导轨。

（5）门刀与厅门模滚轮或碰撞层门地坎：调整门刀与厅门锁滚轮、门刀与厅门地坑间隙。

现象十四：门未关电梯就选层起动

原因及排除方法：

（1）门锁开关的点黏连（对使用微动开关的门锁）：排除或重换。

（2）门锁控制电路短路：检查并排除。

现象十五：轿厢或厅门有电麻感觉

原因及排除方法：

（1）轿用或厅门接地线断开，或者接触不良：检查接地线，使接地电阻不大于 4 Ω。

（2）保护接零系统重复接地线新开：接好重复接地线。

（3）线路有漏电现象：检查线路绝缘，其绝缘电阻不应低于 0.5 MΩ。

第四节　电梯安全现场的检验检测

现场检验时，存在着许多潜在的危险，检验人员应当保持警惕，保障安全，以下是电梯安全现场检验检测中的注意事项。

一、电梯检验现场的条件

对电梯整机进行检验时，检验现场应当具备以下检验条件：

（1）机房或者机器设备间的空气温度保持在 5~40℃。

（2）电网输入正常，电压波动在额定电压值±7%范围内。

（3）环境空气中没有腐蚀性和易燃性气体及导电尘埃。

（4）检验现场（主要指机房或者机器设备间、井道、轿顶、底坑）清洁，没有与电梯工作无关的物品和设备，基站、相关层站等检验现场放置表明正在进行检验的警示牌。

（5）对井道进行了必要的封闭。

特殊情况下，电梯设计文件对温度、湿度、电压、环境空气条件等进行了专门规定，检验现场的温度、湿度、电压、环境空气条件等应当符合电梯设计文件的规定。

二、基本要求

（1）检验人员应当正确着装。扣紧领口、袖口，束紧长发，摘除身上佩戴的项链、首饰等物品，避免穿着宽松的服装和领带等。

（2）现场检验人员不得少于 2 人，检验人员应当在电梯管理人员或维保人员配合下实施检验。

（3）检验前，应当将表明正在检验的标识牌和围栏设置于电梯设备附近、电梯井道入口处或自动扶梯和自动人行道两端入口处；确认轿厢内或梯级、踏步上无乘客；关闭电梯门并防止电梯门在检验过程中发生非预期的开关门动作；禁止无关人员进入检验区域。

（4）检验前应当确认通信设施的有效性。检验指令应当清晰，接受指令的人员应当重复指令，确认无误方可实施操作。

（5）具有双重或附加操纵功能的电梯，应当将其转换开关置于仅允许轿厢操纵的位置上。在检验群控电梯中的一台电梯之前，应当将该电梯从梯群控制中分离。

（6）实施电气部分检验时，或者需要防止电梯、自动扶梯及自动人行道的运动时，断开电源开关，并加锁和醒目标识。

首先，在无法闭锁电源开关的情况下，则应当摘除电源电路保险丝，或采用等效方法确保电源电路处于断开状态。

其次，某些电梯设备部件（如电容器、电动机—发电机组等）即使在切断电源后仍然带有残余电能，残余电能可能导致人员触电或者设备的意外动作。针对这些电梯部件，在进行检验之前，应当通过接地或者按照设备说明书上的要求释放残余电能。

最后，对于多台并联控制的电梯，可能存在已断开主电源的控制柜仍然带电的情况，检验时应当仔细确认。

（7）检验人员应当持续注意所有运动设备的位置和状态。

三、机房和机器空间

（1）注意所有运动设备的位置。

（2）在踏上任何格栅或平台之前，查看其支撑和连接以确定其是否足够坚固。

（3）注意可能产生危险的低矮的净空高度。

（4）确认格栅、平台或地面上没有任何能导致滑倒或绊跌的危险。核查格栅或地面开口上的临时性盖板。

（5）在通过触摸或操作来检查运动部件（例如滑轮、卷筒、制动器、限速器、继电器等）之前，确认被检设备的动力已被切断（可用试操作电梯的方法来确认）。切断了梯群中某台电梯的主电源开关，可能并未切断控制柜和选层器等装置的供电，在对此类电梯进行检验时应当特别小心防止触及带电的电路。

（6）在进入井道中的机器空间之前，切断主电源开关，执行锁紧和加标识程序。

四、井道

建议从井道顶部开始检验。

（1）启动电梯前，与其他相关的检验人员联系。

（2）登上轿顶或进入底坑前，确保作业区有适当的照明，底坑没有积水。

（3）进入井道之前，将轿顶、底坑等处的停止开关置于停止位置。

（4）进入井道后立即关闭层门。

（5）按下呼梯按钮，验证停止开关是否起作用。对并联电梯实施检验时，按下轿内选层按钮，验证所检电梯是否已退出服务。

（6）顶部空间、底部空间距离是有限的，要注意观察四周的障碍物。登上轿顶或进入底坑之前，确定好安全藏身区。

（7）井道中如有相邻的轿厢，注意身体的所有部分都应当在被检轿厢的范围内。轿厢运动时，应当位于轿厢范围之内以免碰触对重或井道中的突出物。特别要注意与被检电梯相邻的电梯对重。

（8）轿厢运动时，应当抓紧轿厢结构件上的把手或其他部件。不要抓住钢丝绳。在悬挂比为 2：1 的电梯上，抓住钢丝绳会导致严重的伤害。

五、轿顶

（1）对于非平面的轿顶（如穹顶），应当特别小心，防止滑跌。

（2）在将全部身体的重量施加在轿顶之前，试验轿顶的强度。不要站立在轿顶紧急出口的盖板或设备上。

（3）检查轿顶停止开关，做好在紧急情况下使用该开关的准备。

（4）在使用轿顶检修装置操纵轿厢之前，检查该装置的可靠性。

六、底坑

（1）为了防止轿厢的意外运动，在检验人员进入底坑之前，应当验证：①轿内停止开关、轿顶停止开关、底坑通道门附近停止开关的有效性；②轿门、层门门锁及电气安全装置的有效性；③电梯不会响应任何外召唤。

（2）轿内或轿顶的操作者应严格遵守以下要求：①轿厢只能按照底坑检验人员指定的方向运行；②轿内或轿顶的操作者应当重复指令，操纵轿厢运动之前应当确认收到"准许操作"指令；③可能时，轿厢一停止就打开层门或轿门，在发出运动轿厢指令之前保持门的开启。

（3）进入底坑之前，首先将底坑通道门附近的停止开关置于停止位置。观察底坑中的安全藏身区，注意估算当轿厢停止在被压缩的缓冲器上时轿厢下部的间隙是否足够。如果轿厢下方没有适当的间隙，建议在轿厢下放置障碍物以确保所需的间隙。

（4）进入底坑后，将底坑停止开关置于停止位置。只有当轿内或轿顶人员按照底坑人员指令准备移动轿厢时才能使该开关置于运行位置。要特别注意确保身体的任何部分都未凸入相邻电梯井道区域。

（5）不要携带外壳能够导电的照明设备进入潮湿的底坑，且避免触及极限开关或其他开关。如底坑有水，在进行检验之前必须除水。

（6）离开底坑之前，底坑通道门附近的停止开关应当置于停止位置，离开之后再置于运行位置。

七、自动扶梯和自动人行道

（1）在设备停止运动、驱动主机和制动器的动力源被切断，以及主电源开关被锁住和加上标识之前，不得进行近距离检验。

（2）进入自动扶梯或自动人行道的机房、驱动站、转向站或其内部之前，应当断开停止开关或者主电源开关，切断驱动主机和制动器的动力源，并确认不会运动。

（3）即使在主电源断开之后，接线箱内 110V 电源可能仍然带电。

在检验之前需用万用表等测试电路是否仍然带电。

（4）无论何时被拆除的梯级、踏步都应当在检验人员的前方。登上拆除了梯级、踏步的自动扶梯或自动人行道时要特别小心。

（5）站立在自动扶梯或自动人行道上的检验人员，在其启动之前，应当抓紧扶手带。

八、液压电梯

（1）进入机房时，注意所有运动设备的位置。

（2）观察机房中可能产生危险的低矮的净空高度。

（3）确认地面不会导致滑倒或绊跌。

（4）在通过触摸或操作来检查运动部件之前，确认被检设备的动力已被切断。

九、杂物电梯

（1）如果需要站立在杂物梯上检验，在上轿顶之前，必须确认：①杂物梯的额定载重量和轿厢结构足以承担检验员的体重和工具的重量；②配备有功能正常的轿顶操作盒；③轿顶停止开关有效；④安全制动装置有效可靠。

（2）在轿顶作业须倍加小心，确保轿厢运行时检验人员的身体在轿厢边界以内，并与井道内的任何突出物保持安全距离。

（3）除了直接控制下的操作装置外，确保设备的整个操作系统（按钮、自动平层和自动返回主层站回路等）不起作用。

（4）当轿厢不在层站或处于可以运行状态时，切勿使层门处于开门状态或未锁闭状态。如果必须这样做，则门口需有称职的人员看守。

（5）上轿顶或下底坑作业前，需检查轿厢上方或下方是否有足够的安全空间。

（6）进入底坑之前必须断开主电源，执行锁闭和加标识程序。

第五章 电梯检验检测技术概述

第一节 电梯检验检测技术的类型

一、目视检测

电梯的目视检测主要是外观检查，通过手动各种功能开关的动作试验以及利用游标卡尺、钢直尺、卷尺和塞尺测量，并通过计算来检查或试验电梯相关设施和零部件设置的有效性、功能开关的可靠性以及各种安全尺寸的符合性。

在检测工作开始前，检验量具须经计量部门按照有关标准校准，且只能在校准期内使用。

二、电梯导轨的无损检测技术

电梯导轨是供电梯轿厢和对重运行的导向部件，导轨的直线度和扭曲度直接影响电梯运行的舒适度，因此电梯导轨在生产和安装过程中都需要对它的直线度和扭曲度进行检测。目前，常用的导轨检测方法有线锤法和激光测试法两种。

（一）线锤法

该方法是采用5 m磁力线锤，沿导轨侧面和顶面测量，对每5 m铅垂线分段连续测量，每面分段数不小于3段。检查每列导轨工作面每5 m铅垂线测量值间的相对最大偏差是否满足规定要求。

（二）激光测试法

该方法运用激光良好的集束和直线传播的特性，在检测过程中，将装有十字线激光器的主机固定在导轨的一端，将光靶安装在导轨上，使得光靶靶面面向主机发光孔，在导轨上移动光靶，并将光靶上的激光测距仪测量的距离信号传送到电脑中，经计算处理后转化为导轨的线性度和扭曲度。

三、电梯曳引钢丝绳的漏磁检测技术

电梯曳引钢丝绳承受着电梯全部的悬挂重量，在运转过程中绕曳引轮、导向轮或反绳轮呈单向或交变弯曲状态，钢丝绳在绳槽中承受着较高的挤压应力，因此电梯曳引钢丝绳应具有较高的强度、挠性和耐磨性。钢丝绳在使用过程中，由于各种应力、摩擦和腐蚀等，使钢丝绳产生疲劳、断丝和磨损。当强度降低到一定程度，不能安全地承受负荷时应报废。

目前，我国电梯钢丝绳的安全判定依据正在制定。钢丝绳无损检测采用漏磁检测方法。电梯曳引钢丝绳检测的探头采用了永久性磁铁，钢丝绳内穿过磁铁，通过霍尔元件或感应线圈等探伤传感器采集漏磁场的变化信号，检测信号经放大和滤波等处理后由计算机采集和判别，钢丝

绳运行的位置由光电编码器编码后输入计算机，计算机对位置编码器发出的脉冲信号计数，通过计算处理后得到钢丝绳当量断丝数和当量磨损量的具体情况和相应的位置。

四、功能试验中的无损检测技术

功能试验是检验电梯各种功能和安全装置的可靠性，多是带载荷和超载荷的试验。在功能试验中需采用不同的检测技术进行各项性能测试。

（一）电梯平衡系数的测试

电梯平衡系数是关系电梯安全、可靠、舒适和节能运行的一项重要参数。曳引驱动的曳引力是由轿厢和对重的重力共同通过钢丝绳作用于曳引轮绳槽而产生的。对重是曳引绳与曳引轮绳槽产生摩擦力的必要条件，曳引驱动的理想状态是对重侧与轿厢器的主机固定在导轨的一端，将光靶安装在导轨上，使得光靶靶面面向主机发光孔，在导轨上移动光靶，并将光靶上的激光测距仪测量的距离信号传送到电脑中，经计算处理后转化为导轨的线性度和扭曲度。

电梯平衡系数测试时，交流拖动的电梯采用电流法，直流拖动的电梯采用电流——电压法。测量时，轿厢分别承载0、25%、50%、75%和100%的额定载荷，进行沿全程直驶运行试验，分别记录轿厢上、下行至与对重同一水平面时的电流、电压或速度值。对于交流电动机，通过电流测量并结合速度测量，作电流——载荷曲线或速度——载荷曲线，以上、下运行曲线交点确定平衡系数，电流应用钳型电流表从交流电动机输入端测量；对于直流电动机，通过电流测量并结合电压测量，作电流——载荷曲线或电压——载荷曲线，确定平衡系数。

（二）电梯速度测试技术

电梯速度是指电梯上下方向位移的变化率，由电梯运行控制引起，监督检验时一般采用非接触式（光电）转速表测量。其基本原理是采用反射式光电转速传感器，使用时无须与被测物接触，在待测转速的转盘上固定一个反光面，黑色转盘作为非反光面，两者具有不同的反射率，当转轴转动时，反光与不反光交替出现，光电器件间接地接收光的反射信号，转换成电脉冲信号。经处理后即可得到速度值。

（三）电梯起、制动加速度和振动加速度测试技术

电梯起、制动加速度是指速度的变化率，由电梯运行控制引起；振动是指当大于或小于一个参考级的加速度值交替出现时，加速度值随时间的变化。电梯运行过程中的加速度及其变化率是影响电梯运行舒适性的主要因素，主要表现在：一是电梯起动和制动过程中加速度变化引起的超重感和失重感，二是电梯在稳速运行时的振动。

电梯振动产生的原因很多，如电梯安装时导轨安装质量不高、电梯曳引机齿轮啮合不良、变频器的控制参数调整不当、电梯轿厢的固有振动频率与主机的振动频率重合产生共振等。

加速度的测试主要采用位移微分法。测试时，使用电梯加、减速度测试仪，将传感器安放在轿厢地面的正中，紧贴轿底，分别检测轻载和重载单层、多层和全程各工况的加、减速度值和振动加速度值。

（四）电梯噪声测试技术

噪声测试采用了测量声压级的传感器，取10倍实测声压的平方与基

准声压的平方之比的常用对数（基准声压级为 20μPa）为噪声值。

当电梯以正常运行速度运行时，声级计在距地面高 1.5 m、距声源 1 m 处进行测量，测试点不少于 3 点，取噪声测量值中的最大值。

对于轿厢内噪声测试，电梯运行过程中，声级计置于轿厢内中央，距地面高 1.5 m 测试，取噪声测量值的最大值。

对于开、关门噪声测试，声级计置于层门轿厢门宽度的中央，距门 0.24 m，距地面高 1.5 m，测试开、关门过程中的噪声，取噪声测量值中的最大值。

五、电梯综合性能测试技术

电梯综合性能测试技术是近几年发展起来的，通过一台便携式设备实现多种性能测试。电梯在运行中，利用专用电子传感器采集信号，经专用软件的分析处理，能够得到电梯安全参数的测试结果。

德国检验机构 TUV 开发的 ADIA SYSTEM 电梯诊断系统以专用电子传感器、数据记录仪及 PC 机获取与在线电梯安全相关的参数，是一种测量、存档有关行程、压力、质量、速度或加速度，钢丝绳曳引力和平衡力，电梯门特征及安全钳设置的综合测试设备。可快速准确地测量和处理相关安全数据，测量结果可方便地进行存储并与特定准则进行比较。

第二节 电梯检验检测技术的发展趋势

21世纪以来，电梯检测技术得到了很大的发展，无损检测技术和非接触式检测技术是当代电梯的主要检测方法。在未来的时间里，随着电子信息技术和网络技术的飞速发展，电梯检测技术正朝着节能化、智能化和远程化的方向发展。

一、节能化检测技术

节能化技术是21世纪的主流技术，节能电梯检测技术将会是未来电梯发展的趋势，发展的趋势主要有：不但改进电梯检测设备的设计，生产环保低能的电梯检测设备，对电梯检测设备报废后的处理也采用环保化的方法。

二、远程监控救援系统

电梯困人故障是电梯使用中最主要的安全事故。电梯厂商为电梯设计的通话系统只能保证维修和检测的需要，不能满足使用要求。因为大多井道都没有网络信号，一旦出现困人事件，轿厢内的乘客往往会感到恐慌，而远程监控救援系统就显得尤为重要，随着计算机技术和网络技术的快速发展，电梯检测技术也将会向智能化和集成化的方向发展。如果利用电脑或者机器人来替代人进行某些检验，可以大大提高电梯的检测效率，同时可以降低检验成本。它将通信、故障诊断、微处理融为一体，可以通过网络传递电梯的运行和故障信息到服务中心，使维修人员及时了解电梯问题所在并去处理。此项技术一旦成熟，将会被广泛应用。

目前，虽然由电脑或者机器人来替代人进行检验的技术尚有一定难度，但远程电梯检测系统技术目前发展较为快速，不仅给电梯检验检测带来了极大便利，而且极大便利了人们的日常生活。鉴于这一技术在电梯使用中的重要性，下面章节将展开对其论述。

第六章　远程电梯检测系统

随着我国城市化进程的加快，一片片生活小区如雨后春笋般拔地面起，小区智能化管理也应运而生。一个或几个小区形成了某一物业管理部门的管理群体，被其管理的电梯运行状况是否正常，电梯故障报警是否及时，乘客在轿厢内是否安全，能否及时与乘客取得联系等都应快速准确地由管理人员掌握。辖区内电梯的故障率、停梯时间、停梯原因、恢复运行时间等也是考察电梯管理现状的一些重要资料。电梯出现故障时，其故障现象、故障范围，是电梯维修人员非常关心的一项内容。所以，小区的物业管理中电梯的维修保养和突发事故处理的及时、准确，都对物业管理部门提出了更高的要求。电梯数量多、种类多、分布范围广，所以电梯远距离监控被提上议事议程，电梯远距离检测也是小区智能化管理的一项重要内容。

电梯运行的安全性、可靠性是很多人普遍关心的问题，近年来因使用电梯发生了多起人身伤亡事故，引起了社会的密切关注。但从技术角度而言这些电梯事故是可以避免的，关键是如何运用有效的技术手段使电梯主管部门及时准确地了解到所辖电梯的运行工作情况，对那些工作质量差、技术水平低、责任心不强的维保单位采取相应的管理措施，这一直都是从事电梯管理工作人员所关心的问题。

电梯远程监测技术是随着计算机控制技术和网络通信技术的发展而

产生的一种对运行电梯进行中央化集中遥控监测的新型技术，是当前电梯管理的前沿技术。它能 24 h 不间断地对网络中的电梯进行监视，实时地分析并记录电梯的运行状况，根据故障记录自动统计电梯故障率，通过它可对电梯状况和修理单位的工作质量实行有效的监督，并为年审考核提供可靠依据。

电梯远距离检测在某些国家已有应用，简称遥监。常见的情况是某一电梯厂家将本厂出产的某种品牌的电梯利用现代通信手段将检测室电脑与电梯内部电脑联网，随时检查、检测电梯运行状态和故障信号。遥监的对象是本厂出产的某几个品牌的电梯；遥监的信号范围也仅是电梯运行状态和故障信号，传递的也仅仅是数据，局限性较大，远远满足不了业主的要求。随着计算机联机上网的普及，全方位遥监已成为可能。实现全方位遥监一般有两种方案：一种是由分站到总站逐级递进的方案，另一种是放射性方案。

电梯远程监测技术应用于电梯管理是电梯发展历程中的必然产物。因为系统的建立也必然会产生相应庞大的网络，电梯远程监测网络将成为人类生活保障体系中必不可少的网络之一。利用电梯监控系统，不仅可以在监测中心内接收到现场随时发回的电梯故障报警信息，还可通过计算机的检测界面很直观地观察到每台电梯的运行情况，预测电梯故障隐患，给电梯安全运行提供了保障，给电梯管理者带来了极大的方便，而且提高了工作效率。利用电梯远程监测系统网络，电梯的管理将开辟一个新的纪元。

第一节　电梯监控系统

一、电梯监控系统说明

电梯监控系统被设计成适用于楼宇自动化系统（Building Automation System，BAS），允许 BAS 监控和控制电梯的运行。目前，通常采用串行通信，通过 RS-422A 接口实现电梯控制系统与服务器相连。一般电梯监控系统虽然不同于电梯远程监控系统，但是它和远程监控系统有许多相同的优缺点。电梯远程监控系统是在电梯控制系统和服务器上分别安装数/模变换器，然后通过互联网进行数据传输。服务器通常安装在电梯厂家总部或分支机构内，由电梯专业人员进行 24 h 的监控故障报警和故障检测等，可见其技术与 IT 业相关，因此发展很快，国外发达国家已开发出了第 5、6 代产品，我国正在迎头赶上。

二、电梯监控系统结构

电梯监控系统的主要部分是电梯监控盘（Lift Supervisory Panel，LSP）。LSP 上部 LIFTI 这一列的信号和控制开关对应着 LIFT1 信号采集和控制模块，8 台电梯就有 8 个这样的模块。目前 LSP 是使用最多的监控系统，虽然它的样式不同，设计思想也不一样，但是它使用串行通信技术和模块化设计，即 1 个模块控制 1 台电梯或 1 个功能模块是其最优设计。其特点如下。

（1）串行通信技术可以节省大量连接线。

（2）串行通信技术可充分利用电梯控制系统本身特有的性能参数，一般电梯有 3000~4000 个 I/O 参数，大多可通过串行通信输入或输出。

（3）模块化设计简单，适应性和扩展性较强，有利于维修保养。

LSP 的方式布置，其下部从左到右分别是对讲机模块、监视器模块、报警模块和自检模块。它们是信号采集和控制模块的补充，使 LSP 从视觉到声觉得到全面提升，功能更加全面。

三、监控盘功能

监控盘对于控制信号和监视信号的选择比较困难，所以要对监控盘规范化，以便于操作者使用，即把监控信号分为必选功能和可选功能。

（一）必选功能

1. 运行方向

它指示出轿厢正在运行的方向，同时将一直点亮，直到电梯完成所有现存的呼叫任务。

2. 轿厢位置

其显示轿厢所在的层数。

3. 火警指示

当电梯进入消防状态时，火警指示灯亮。

4. 故障指示

当电梯的安全回路以外断开，电梯运行程序死机和故障代码溢出等情况时，故障指示灯亮。

5. 驻停指示

当电梯进入 OUTOFSERVICE 状态，即通常所说的锁梯状态时，驻停指示灯亮。

(二) 可选功能

1. 正常供电与应急供电

当电梯选择应急供电功能时，它们分别显示电梯供电系统的状态。

2. 独立服务

当电梯进入独立服务状态时，即不再响应群控呼叫，而只响应本梯的轿内呼叫时，该梯的独立服务指示灯亮。

3. 司机服务

当电梯从自动控制状态进入司机操作，即进入手动操作状态时，司机服务指示灯亮。

4. 门区

当轿厢进入门区（平层区）时，门区指示灯亮，直到轿厢离开门区。当轿厢通过门区时，该指示灯将一闪而灭。

5. 驻停开关

当驻停开关拨到 ON 状态时，轿厢回到基站，然后轿厢维持停在基站直到驻停开关拨到 OFF 状态，电梯将恢复正常。

6. 消防模式选择

分为三种状态：当处在手动模式时，进入消防状态需要人手动完成；当处在自动模式时，进入消防状态由烟雾探测器动作完成；当处在烟感测试模式时，检测人员可以对烟雾探测器进行测试，而电梯不会进入消防状态。

7. 应急供电电梯选择

在应急供电电梯状态下，所有电梯都依次回到基站后，将一台或多台电梯的应急供电电梯开关拨到 ON 状态，该电梯将恢复正常运行，其他电梯将停在基站不动。

8. 防盗窃开关

分为 3 种状态：当处在 OFF 状态时，电梯正常运行；当开关拨到 ON 状态时，电梯将关门运行到预定楼层，平层后不开门，然后保持这种状态；当开关拨到 DOOR OPEN 状态时，门打开，轿厢仍然停在该层不动，即不接受任何呼叫，直到该开关恢复到 OFF 状态，电梯恢复正常。

第二节　电梯远程监控系统

通过电梯远程监控系统进行监控，对电梯发生的故障可自动报警，传输监控数据，自动记录故障数据。通过一条电话线传输现场轿厢场景图像、音频数据，与被困乘客取得联系并加以安抚。

一、远程监控系统的构成

（一）系统的构成

1. 硬件组成

计算机系统、数据采集器、隔离抗干扰接口电路、调制解调器、打印机和电话机。

2. 软件组成

系统组态软件、数据库（电梯档案数据库和电梯故障数据库）、电梯故障诊断专家系统、远程网络通信系统软件和电梯控制数据采集处理程序。

在大多数情况下，系统的构成由各电梯公司自行开发的"现场信息采集发送器"、本地终端电脑（或称现场监视电脑）、电话线及其附件（Modem 转换器、打印机等）和远端主控电脑等组成。

监控系统的关键是如何采集电梯运行过程中的各种故障信号，然后通过信号传输（当然应是"串行"通信）经（或不经）监视电脑、公共电话网、Modem 传送至远端中央监控电脑进行分析处理，发出及时而准确的处置命令。

（二）电梯故障信号的采集

信号采集器可以认为是一个微电脑串行传送器，负责采集受监控电梯设备的运行信号、层楼信号、安全回路信号等。这些信号经光电耦合隔离与抗干扰处理（或经多级"施密特"触发器）后，送入信号采集器的单片微型计算机将这些信号排队处理与监控终端电脑进行串行通信。

在整个系统中每台电梯设置一套信号采集器，每台电梯的信号采集器都挂在同一根串行通信线上，这根单行通信线就相当于系统的总线。电梯故障信号采集点的多寡与所选用的单片机逐级 CPU 型号有关。由于所选用型号不同，各电梯公司的远程监控系统所能采集的电梯信号差别也很大，但无论如何要确保采集的信号不能影响原有电梯控制系统的正常工作，故信号采集均采用并联引出法。

（三）远程监测中的电梯故障诊断系统

远程监测系统的工作流程主要有运行状态监测、工作及维护维修数据库管理、技术指标测定记录和故障报警灯，而电梯故障诊断系统软件是电梯远程监测系统的核心，是电梯故障判断、智能化报警程序的重要组成部分。

电梯远程监测技术是电梯行业发展到今天应运而生的新技术，是电梯行业与电子通信网络以及计算机技术进一步融合的产物，它使先进的计算机和电信技术得到充分利用，是一种全新的电梯管理模式。建立以电梯管理中心为核心的电梯远程监测管理网络，必定会改变以往电梯管理的旧模式保证电梯的正常使用和维修保养，确保电梯安全运行，减少故障率，杜绝恶性事故，并可以延长电梯的使用年限。通过电梯中心的集中管理，也可以使电梯行业现行的标准、法规、制度得到更有力度的贯彻执行，必将全面改善当前电梯管理的现状。随着网络技术的进一步发展，电梯的远程监控系统将更加完善，服务也将更加周到。

二、电梯远程监控系统的主要功能

(一) 故障自动发报

其包括因故障停止运行的开始发报,自动侦测整个电梯电气系统运行是否正常。在平常使用中对不易察觉的故障也能自动报告监控中心,如对层站呼叫按钮的间断性卡阻、门开关瞬间开路等。这些故障在日常检查中难以发现,通过远程监控系统可以在第一时间内就知道故障所在,让维修人员进行有针对性的维修。

(二) 关门故障时自动播放安抚语音

通常,关门故障是很少出现的,一旦出现,电梯远程监控系统采用的第一个步骤就是自动播放安抚语音,有效缓解被困人员的焦躁情绪,使被困人员平静度过脱困前的等待时间。

(三) 双方直接通话

发生有关门故障时仅自动播放安抚语音对被困人员还是不够的,远程监控系统的双方直接通话功能正是考虑到这种情况而特别设计的。电梯监控中心的值班人员可以直接与被困人员通话,甚至可以通过监控中心联系到任何地点。

(四) 异常征兆预警检测

对传统技术做了革命性的变革:不是在发生故障后进行处理,而是在发生故障前对在用电梯的运行状况进行扫描检测。只要发生故障的某些征兆一出现,就被检测出来,维修人员根据检测情况及时处理,把可能发生的故障消灭在萌芽状态,从而使电梯一直处于"零故障"运行状态。

（五）维保人员动态管理

电梯远程监控系统可以对维保人员的勤务作业进行有效监控,增强了对维保人员管理的可操作性。使维保人员严格按照预定的计划行事,到达维保现场,并严格按照保养作业基准操作。

（六）情报分析和维修技术支援

监控中心的技术人员根据监控系统反馈的电梯运行状态信息,分析电梯的故障特性,及时对现场维修人员提供技术支持,缩短电梯疑难故障的原因判断和维修时间。

三、电梯远程监控系统结构和技术参数

（一）电梯远程监控系统结构

电梯远程监控系统只占用由业主提供的一条电话线到电梯机房,对电话线的占用可分为3种情形:(1)用直线电话,不用分机线,这是因为电话分机线受电话总机控制,确保监控的可靠性。(2)电话线直接辐射到电梯控制屏上。(3)同一机房内1路直线电话最多可监控4台电梯;采用分机形式,即1路分机线只能监控1台电梯。

电梯远程监控系统对占用电话线的使用情形可分为5种:(1)电梯监控中心主动查询电梯使用情况;(2)远程监控系统对电梯进行故障前兆的自动扫描检测;(3)电梯故障发报;(4)受困乘客可与外界通话;(5)保养人员作业信号播报。

上述的前两种电话使用由电梯监控中心付电话费，后三种电话费由客户支付。

（二）技术参数

1. 视频

4 路 PAL 制式彩色/黑白视频信号输入；分辨率：352×288/320×240/176×144；传输速率：PSTN2~5/10 帧/s；单向视频、双向音频可同时传输。

2. 音频

音频（1 Vp-p）可直接接拨集体话筒；音频输出（1.5 Vp-p/500 mV），可直接驱动扬声器。

四、利用 GPRS 技术的电梯远程监控系统

（一）利用 GPRS 技术的电梯远程监控系统的工作原理

GPRS（General Packet Radio Service）技术是通用分组无线业务技术。电梯远程监控系统通过 GPRS 网络技术，将电梯的运行参数或故障类型等信息实时、自动地以数据、图像或文字的形式传输到监控中心的计算机内，以便通知和及时处理电梯出现的故障或监控电梯运行的情况，对存在的隐患和故障进行先期的维护和保养，确保电梯的正常使用。GPRS 电梯远程监控系统主要分为两大部分：计算机管理/监控系统和前端机数据采集/数据传输系统。前端机数据采集/数据传输系统主要完成对电梯的运行参数的采集和数据的传输。计算机管理/监控系统主要完成对前端机传来的信息的处理和对所属电梯的各类档案的管理。

GPRS 电梯远程监控系统使用安装于电梯控制柜的信息采集系统以及安装于电梯各主要部件上的传感器，通过 A/D 变换获取故障信号的交换手段，将电梯运行信号、故障信号，以及重要部件的工作参数，采集到信息采集/处理器内。信息在信息采集/处理器内进行识别和处理后，通过数据通信接口将数据传输到前端机的主控系统。主控系统再通过 GPRS 无线网络将该信息传输到维护中心网络上。维护中心计算机可以随时调用和查看电梯的运行情况。对采集到的电梯的故障信息，主控系统能够通过 GPRS 的短信方式直接发到中心或指定手机内，让维护人员前去查看和检修。

GPRS 电梯远程监控系统的主要组成部分括：①监控中心计算机管理/监控系统；②前端机信息采集/处理系统；③前端机主控系统；④远程通信模块。

下面以监控中心计算机管理/监控系统和前端机信息采集/处理系统为例进行说明。

（二）监控中心计算机管理/监控系统

1. 系统组成及功能

监控中心计算机管理/监控系统网络设备包括：

（1）计算机局域网。

（2）系统网络服务器。

（3）系统计算机。

（4）网络打印机。

（5）网络扫描仪。

（6）计算机语音通信设备。

（7）网络数据备份设备。

监控中心计算机管理/监控系统的功能是：加大管理部门对电梯质量和维保的监察力度，为电梯的可靠运行和及时维护提供信息和技术支持。其具体功能是：管理和协调各电梯用户的维护中心，并将数据进行分类、统计、备份和存储；调用和查询电梯的运行情况、安装记录、所在单位情况、系统运行环境、所属安装公司以及维保公司等具体信息；实时调用电梯的使用说明、技术参数、维修指南、用户手册、厂家技术支持、历史维护记录及故障分析。

2. 计算机管理/监控系统软件

系统的计算机软件模块主要有：

（1）数据收发模块。主要完成从 GPRS 网络发来的数据的接收和发送工作。模块可以在 Windows 10 系统下运行，充分利用 Windows 的多任务机制，可以实时地捕捉各种计算机外部设备发来的数据，并将其写入后台的数据库系统中。

（2）协议转换模块。主要完成数据格式的解包和打包工作。系统的协议数据包括 IP 网的 IP 数据包和 GSM 的短信数据等。针对这些数据进行数据格式的解包和打包工作。

（3）数据初始化模块。完成系统中各类数据的初始化工作，包括电梯的各种生产资料，进行整理，形成有用的资料给使用者。

（4）数据查询模块。即用户主要使用的模块，是将数据库的各种数据按照使用者的需要进行整理，形成有用的资料给使用者。

（5）电梯运行数据分析模块。在电梯发生故障时使系统知道，并通知相关维护人员。通过数据的统计分析提前查找可能的问题隐患。可以辅助相关的维护人员、技术人员来了解电梯的运行情况。

（6）故障通知/现场监控模块。通过视频系统或语音提示系统实时观察故障电梯内的情况，和受困乘客直接进行对话。借助电话、短信的方式通知维修人员去现场维修。

（7）Internet/Intranet 模块。将相关的数据转发到万维网服务器上，让不同地域的人可以查找到他所关心的数据。

系统开发平台，采用如下架构：首先，数据层。完成数据的采集和底层协议的转换工作。其次，中间层。实现用户对于数据库的访问和查询、管理工作。最后，客户层。完成用户界面和功能的工作。

对于这种架构，选用 SQL Server 2022 数据库作为服务器，可以很好地与 Windows 操作系统结合，灵活地进行分发，具有很低的维护强度和合适的开发性价比，并能实现对万维网的各种服务。

该平台在对底层应用的开发以及和数据库的结合上拥有强大的实现能力。数据接口部分和应用部分都采用 Delphi 11 编写。数据库引擎采用 Microsoft 的 ADO，是和 SQL Server 结合最好的数据引擎，能够很好地实现三层构架的服务。

采用的操作系统及数据库主要包括：操作系统 Windows NT Server 10.0，数据库 SQL Server 2022 for Windows NT Server，电梯运行信息数据库，电梯维护记录数据库，电梯安装记录数据库，电梯使用、维修手册数据库，电梯故障信息数据库，电梯历史维护数据库。

3. 前端机信息采集/处理系统

前端机信息采集系统由以下部分组成：数据信息采集接口、控制柜信息采集接口、与主控系统数据通信接口、模/数变换系统、电源滤波系统、信号隔离系统、主控系统、传感器信息采集接口、电源检测系统、USB 接入系统、TTL 电平接入系统、RS-232 电路接入系统、多系统接入控制模块。

前端机信息采集系统技术指标如下。

（1）输入电压：120 V（DC）。

（2）信号输入电压：3~48 V（DC）。

（3）与主控机通信速率：19.2 kb/s。

（4）温度：20℃~75℃。

（5）相对湿度：45%~75%。

（6）大气压力：86~106 kPa。

（7）系统功耗：小于 100 mA。

（8）系统通信采用 484 通信口。

前端机信息采集系统采用模块化处理设计，备有多种通信接口，适用于不同型号的电梯。又采用软件在线编程方式，能够对不同型号的电梯、不同的信号和信息内容进行相应的软件编程。中心控制采用微处理器，具备 12 位 A/D 信号的干扰。传输来的信号通过隔离电路进入信号处理电路，进行信号整形和信号分离，然后进入信息控制/处理系统，使主控系统进行信号分析和数据处理，再将信息传输到主控系统。前端采集电路采用多种信号、电梯控制柜和主要部件传感器进行信号采集。接口电路采用模块化设计，自动适应不同配置的接口信号；系统具有 A/D 信号转换接口，能将传感器传输过来的模拟信号自动转换为处理器能够识别的数字信号；接口电路采用光电隔离或双刀双掷继电器，与接入系统进行完全隔离。信息采集系统具备多种信号方式的接入功能，如电源滤波电路能消除电源纹波对系统的影响。

第七章 不同通电情况下电梯的检验检测

第一节 通电前、后的检查测量工作

一、通电前的检查测量工作

（一）通电前，在安装施工方面的注意事项

（1）应确保井道内的脚手架、样板架要从上至下已拆除，底坑已清理干净。

（2）机房已清扫干净，多台梯共用机房电源—控制柜—曳引机—限速器对应编号已标识清楚。

（二）机械检查

曳引机减速箱（若有）、导向轮、轿顶轮、对重轮、限速器、涨紧轮已按规定润滑，无渗漏油现象；缓冲器液压油充足；导轨处于正常的润滑工作状态；曳引钢丝绳外表面专用油脂无溢出，旋转部件均加装了防护罩、盖。

（三）电气部件的检查

（1）检查电梯电气接线图、接线编号和线路走向正确无误，随缆、井道布线正确完好。

（2）安装过程中的临时线、短接线等临时性处理全部恢复无遗漏，接地电阻值不大于 4 Ω。

（3）各部位的安全保护、功能转换开关所设定的通断状态全部有效，安全回路正常。

（4）绝缘电阻符合设计要求，并经测量全部符合耐压要求。

二、通电后的检查测量工作

（一）通电检查与测量

（1）打开机房电源箱，在未合闸送电前测量三相输出端电压，三相交流应为 380 V±7%，单相交流应为 220 V。将检查过的三相和单相电源熔断器芯装进熔断器中，并分别合上三相主电源开关和单相电源开关。

（2）根据电气原理图，用数字万用表分别测量控制柜（箱）中三相和单相熔断器输出电压，测量变压器或其他电气元件输入端的电源电压，再分别测量变压器二次侧各绕组不同等级的输出电压。在空载状况下，允许实测电压值略高于标称电压值，但不能大于标称电压值 10% 以上。

（3）开关电源输出应符合设计要求（如有误差要及时进行调整），满足控制系统工作电源使用要求。

（二）驱动信息校入

（1）将轿厢用手拉葫芦提升、悬空固定后，将曳引钢丝绳暂时从曳引轮上脱开，使用专用装置输入设定参数，并进行模拟空转，将运行参数录入驱动系统中（不是所有电梯都需要此工序）。

（2）挂上曳引钢丝绳，用手拉葫芦放下轿厢，撤除吊装工具。合上电源开关，准备下一道调试操作。

（三）井道位置信息校入

（1）用检修速度运行全程，然后逐层停靠，使系统记忆提升高度及各层站的距离，反复多次，同时修正平层位置。此过程通常又称为"自学习"。

（2）通过调试仪固化所有楼层参数并录入存储器中，至此，井道信息校入基本完成（不是所有电梯都需要此工序）。

（四）电梯快车及停靠试验

驱动信息、井道位置信息校入后，可进入快车试运行及停靠站试验。

（1）将加速度仪置于轿厢地板中间，测量电梯启动、制动时的加、减速度及 X、Y 轴向振动。

分别符合《电梯技术条件》（GB/T 10058—2009）中 3.3.5 电梯恒加速区段内的垂直（Z 轴）振动的最大峰峰值不应大于 0.30 m/s^2；A95 峰峰值不应大于 0.20 m/s^2；轿厢运行期间，水平（X 轴和 Y 轴）振动的最大峰峰值不应大于 0.20 m/s^2，A95 峰峰值不应大于 0.15 m/s^2。

（2）分别测试轿内启动、制动运行噪声，不应大于 55 dB（梯速 2.5 m/s 小于 v 小于等于 6.0 m/s，允许不大于 60 dB）；机房主机运行噪声，不应大于 80 dB（梯速 2.5 m/s 小于 v 小于等于 6.0 m/s，允许不大于 85 dB）；开关门噪声，不应大于 65 dB。

（3）在满足测试参数的状况下，微调参数使电梯做到直接停靠，合理缩小上行、下行时段，提高运行效率。

第二节　电梯功能检验检测

一、消防开关功能检查

（1）电梯向上自动运行到中间层楼时，操作人员将底层层门外的消防功能转换开关接通，此时电梯经过迅速减速、换向后，应立刻自动向下直驶到基站（一般设置在一楼）平层、开门。在此过程中，电梯不会应答任何层楼的召唤。此阶段称为消防返回或迫降。

（2）操作人员进入轿厢，此时电梯进入消防运行状态，不应答任何召唤信号，仅按轿内选层信号直驶目的层站。自动关门失效，依靠手动按压关门按钮直至轿厢门自动关闭后，电梯启动运行。

（3）电梯到达选定的层楼后，不会自动开门，操作人员必须按开门按钮，点动开门，直至轿厢门完全开启。

（4）操作人员按上述操作方法，依次检查每个层楼的电梯消防运行功能，直至全部层楼符合使用要求。然后将电梯返回基站，断开消防转换开关，使电梯恢复其他运行功能。

二、称量装置功能测试

（1）用砝码进行试验，使轿内载荷超过110%额定载荷时，电梯应不关门、不启动，并发出超载的声、光报警。

（2）满载时，轿内、外应显示满载信号，电梯直驶目的层站，不响应外呼信号。

（3）电梯重载时，要求电动机输出较大的力矩，称量装置能够向驱动系统发出启动力矩补偿信号，以满足轿厢所需起动力矩，改善舒适感（一般来讲 VVVF 电梯具有的功能）。

三、电梯运行舒适性测试

根据人体生理的特点，国家相关标准文件对电梯的启动加速、制动减速、不同额定速度下的平均加、减速度做出了相应规定：

（1）乘客电梯启动加速度和制动减速度最大值均不应大于 1.5 m/s^2。

（2）当乘客电梯额定速度为 1.0 m/s 小于 v 小于等于 2.0 m/s 时，其平均加、减速度不应小于 0.5 m/s^2。

（3）当乘客电梯额定速度为 2.0 m/s 小于 v 小于等于 6.0 m/s 时，其平均加、减速度不应小于 0.7 m/s^2。

四、工况测试

以轻载工况（不超过额定载重量的 25% 或含仪器和不超过 2 人，取低值）和额定载重量工况进行检测。

（1）单层：选中间层站，上行、下行各 1 次。

（2）多层：选底部与顶部两端两个层站以上，上行、下行各 1 次。

（3）全程：上行、下行各 1 次。

五、电梯运行处于曲线状态

（1）电梯从"0"速启动，一直升至额定匀速，曲线越"光滑"，舒适感越好，下行从匀速拐至下降段曲线同样要求"光滑"，并要求降至"0"速时间尽量短，使之直接停靠。

（2）当电梯额定速度为 1.0 m/s 小于 v 小于等于 2.0 m/s 时，A95 加、减速度不应小于 0.5 m/s²。

（3）当电梯额定速度为 2.0 m/s 小于 v 小于等于 6.0 m/s 时，A95 加、减速度不应小于 0.7 m/s²。

六、平层准确度的测试

平层准确度的测试通常在空载工况和额定载重量工况下进行，以空载工况向上，额定载重量工况向下，用深度游标卡尺或直尺进行检测。

（1）当电梯额定速度不大于 1.0 m/s 时，平层准确度的测量方法为轿厢自底层端站向上逐层运行和顶层端站向下逐层运行。

（2）当电梯额定速度大于 1.0 m/s 时，平层准确度的测量方法为以达到额定速度的最小间隔层站为间距作向上、向下运行，测量全部层站。

轿厢在两个端站之间直驶，并按上述三种工况测量，电梯停靠层站后，在轿厢地坎上平面对层门地坎上平面在开门宽度 1/2 处测量垂直方向的差值。平层准确度的测试结果应符合《电梯技术条件》（GB/T 10058—2009）中的规定，即电梯轿厢的平层准确度宜在 ±10 mm 的范围内，平层保持精度宜在 ±20 mm 的范围内。

七、超速安全保护装置试验

（1）限速器、安全钳联动试验，可以在机房通过人为干预的方法进行。电梯用检修速度向下运行，人为地使限速器动作而切断安全电路，同时限速钢丝绳被卡，提拉起安全钳楔块（或滚柱），轿厢被制停于导轨上（这是最常用的试验方法，否则会造成对导轨等零部件的损坏）。

（2）人为地将电梯运行速度调高到额定速度的120%，电梯启动后，当超过额定速度15%时，限速器自动动作而切断安全电路，同时限速钢丝绳被卡，提拉起安全钳楔块（或滚柱），轿厢被制停于导轨上。

八、上行超速保护装置的试验

上行超速保护装置有4种类型，使用双向安全钳或对重安全钳的上行超速保护装置的超速安全试验与前述方法类似。这里主要讨论夹绳器与利用曳引机制动器的上行超速保护过程。

（一）夹绳器

轿厢空载，调高电梯额定速度向上运行，当超过额定速度15%时，限速器自动动作，立即切断安全电路，主机停转，限速器上特设的制动钢丝动作，拉动夹绳器上的机销，使夹绳板瞬间夹住钢丝绳，以制停惯性向上滑行的轿厢。

（二）夹绳器曳引机制动器的上行超速保护装置

夹绳器曳引机制动器的上行超速保护装置实为"制停电机轴"的概念。轿厢空载，调高电梯额定速度向上运行，当超额定速度15%时，限速器自动动作，立即切断安全电路，主机失电，同时制动线圈失电抱闸动作，瞬时抱住曳引轮轮毂，使惯性向上的轿厢被缓缓制停，防止冲顶发生。

九、曳引性能试验

（1）在最低层平层位置，轿厢装载至 125% 额定载重量后，观察轿厢是否保持静止。

（2）对于轿厢面积超出《电梯制造与安装安全规范 第 1 部分：乘客电梯和载货电梯》（GB/T 7588.1—2020）规定的货梯，轿厢实际载重量达到轿厢面积按《电梯制造与安装安全规范 第 1 部分：乘客电梯和载货电梯》（GB/T 7588.1—2020）中规定所对应的额定载重量后，观察轿厢是否保持静止。

（3）对《电梯制造与安装安全规范 第 1 部分：乘客电梯和载货电梯》（GB/T 7588.1—2020）中 8.2.2 所述的非商用汽车电梯，轿厢装载至 150% 额定载重量后，观察轿厢是否保持静止。

（4）空载轿厢上行，在电梯行程上部范围内以额定速度运行时，切断驱动主机供电，测量电梯停止过程的减速度；轿厢载有额定载重量下行，在电梯行程下部范围内以额定速度运行时，切断驱动主机供电，测量电梯停止过程中的减速度。

（5）当对重压在缓冲器上而曳引轮按电梯上行方向旋转时，观察是否能提升空载轿厢。

十、电梯负荷运行试验

（1）电梯轿厢分别在空载和额定载荷工况下，按产品设计规定的每小时启动次数和负载持续率各运行 1000 次（每天不少于 8 h），电梯应运行平稳，制动可靠，连续运行无故障。

（2）轿厢在 100% 的额定负荷运行时，电梯满载运行信号接通，层门外召唤按钮信号不应答，电梯处于直驶状态。直至轿厢负荷发生变化，满载运行信号撤除后才能恢复常态运行。

（3）采用 B 级或 F 级绝缘时，制动器线圈温升应分别不超过 80 K 或 105 K，减速箱的油温不应超过 85℃，滚动轴承的温度不应超过 95℃，滑动轴承的温度不应超过 80℃。

参考文献

[1] 陈占.电梯工程[M].北京:中国电力出版社,2010.

[2] 高勇.机电类特种设备检验及安全性分析[M].西安:西北工业大学出版社,2017.

[3] 杨林,李春生,孔凡雪.电梯的安全管理[M].北京:现代教育出版社,2016.

[4] 陈登峰.电梯控制技术[M].北京:机械工业出版社,2013.

[5] 蒋军成,王志荣.工业特种设备安全[M].北京:机械工业出版.社,2009.

[6] 刘勇,于磊.电梯技术[M].北京:北京理工大学出版社,2014.

[7] 魏山虎.电梯故障诊断与维修[M].苏州:苏州大学出版社,2013.